U0047894

改變世界的
科學定律

· 與33位知名科學家一起玩實驗 ·

川村康文 著｜臺灣大學物理系教授 朱士維、臺灣大學物理所研究生 李荇軒 審訂｜張萍 譯

前言

　　歷史，是人類為了想在自然界中守護自身安全，從而想方設法、逐步建立起來的，因此，人類歷史可以說是藉由科學拓展而來的。

　　在埃及，人們透過觀察星象預測尼羅河每年反覆的氾濫時間，來決定播種以及收成的時間，進而形成人類的農耕文化。這些事情凸顯了曆法的重複性，也成為日後珍貴的觀測資料。

　　檢視前述這個案例後會發現，我們人類是在仔細進行實驗及觀察的過程中，讓科學不斷進化，才得以達到目前這種高度的科學技術文明。

　　回溯至古希臘亞里斯多德的時代，那時科學理論早已萌芽，然而真正促使科學這條枝幹成長茁壯、穩固下來的人應該算是天才「伽利略」。在這位天才沉寂的那幾年，也有另一朵科學之花綻放，那就是超級天才「牛頓」的誕生。這綻放一時的花朵，最終結了果實，孕育出許多種子。

　　本書從亞里斯多德、伽利略、牛頓到現在諸多科學家，一一檢視他們對人類文明做出的貢獻，同時也透過摘錄整理的方式向諸位讀者介紹一些可以體驗到充滿創意、概念的「小小發明」實驗。

川村康文

Contents

虎克

牛頓

牛頓

白努利

富蘭克林

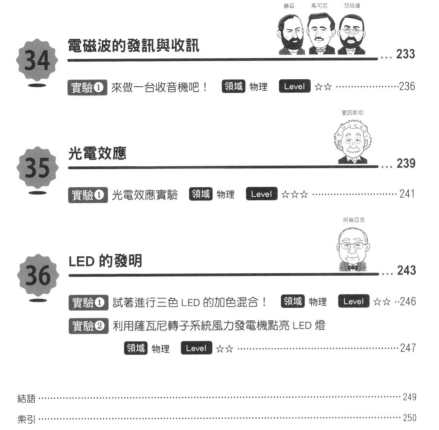

1 阿基米德浮體原理

阿基米德
（Archimedes，公元前二八七？～公元前二一二年）

? 阿基米德是誰？

　　阿基米德是一名出生於西西里島敘拉古的優秀古希臘科學家，同時也是一名優秀的發明家。在敘拉古戰爭中，阿基米德曾利用其製作的投石機擊退羅馬海軍，同時還發明了阿基米德式螺旋抽水機。

　　他有一句經典名言是：「給我一個支點，我就可以舉起整個地球」。

▉ 在發現「阿基米德浮體原理」之前

　　希臘殖民都市——敘拉古的國王希倫二世曾要求一名金匠製作黃金皇冠，然而，有傳言指稱該名金匠在金礦中混雜銀礦，企圖私吞從國王手中取得的部分黃金。因此希倫二世命令阿基米德在不破壞皇冠的狀態下，調查其中是否摻雜其他物質，阿基米德為此感到相當困擾。後來，據說他在某天進入浴缸洗澡的時候，看到水從浴缸中滿了出去，在那個瞬間突然找到了解決該問題的靈感。當時阿基米德一邊大叫「Eureka（我知道了）、Eureka（我知道了）」，一邊裸身從澡堂飛奔出去。這個傳說一直流傳至今。

　　阿基米德立刻準備了一個與皇冠相同重量的金塊，將金塊與皇冠吊掛在天秤兩邊，使其呈現平衡狀態。假設左右兩側的物體質量相同，浸入水中後的狀態應該也要相同才對。然而，試著將其放入水中後，吊掛著金塊與皇冠的天秤卻在水中失去了平衡，因此得知皇冠與金塊的比重不同，確認了金匠的確偷工減料。

　　這就是「阿基米德浮體原理」的由來。

▉ 什麼是阿基米德浮體原理？

　　所謂的「阿基米德浮體原理」是指，「**浸在流體中的物體，僅會減輕該物體排開流體的重量部分**（流體：液體與氣體）」。

這個原理可以用將物體沉入水中的方式說明。

物體會垂直承受水的壓力，水越深的地方，水壓就越大。水中物體的側面，在相同水深狀態下會承受同樣的壓力，作用的力道會與物體互相抗衡。然而，同一物體上方與下方的壓力卻不會相同，下方所承受的水壓較大，會有一股由下往上的力量作用於該物體。最後使得物體變輕。

再稍微詳細說明一下這個部分。

首先，考慮物體承受到的水壓，將水柱高度設為 h，A 面、B 面的面積設為 S，水的密度設為 ρ，重力加速度設為 g。

由於 A 面會承受到整體的重力，因此將面 A 所承受的力量設為 F_A 時，壓力 P_A 可以表示為：（A 面承受的力量）÷（面積）。

$$F_A = \rho Shg \qquad \therefore P_A = \frac{F_A}{S} = \rho gh$$

B 面僅會承受上半部的水柱重力，因此 B 面所承受的力量 F_B 可以表示為：

$$F_B = \rho Sh'g \qquad \therefore P_B = \frac{F_B}{S} = \rho gh'$$

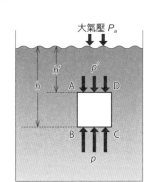

根據這兩個公式，我們就可以從水柱的高度比例，確認各個平面會承受到的壓力。
當 A 面的面積為兩倍，液柱的重量也會是兩倍，而每單位面積所承受到的壓力是一定的，因此液柱高度即等同於壓力。

那麼，接著來思考對水中物體的作用力。

直方體 ABCD-A′B′C′D′（剖面面積 S，長度 L，體積 V）BC-B′C′面（以下簡稱面 BC）的深度為 h，AD-A′D′面（以下簡稱面 AD）的深度為 h′，大氣壓為 P_a，水的密度為 ρ，重力加速度為 g。

假設物體的面積為 S，則從上方作用的力為 $p'S$，從下方作用的力為 pS。

結果，將物體向上推的力量—浮力 F 為：

$$F = pS - p'S = (p - p')S = (\rho gh - \rho gh')S = \rho g(h - h')S = \rho Vg$$
$$\rightarrow (= V)$$

ρVg 是指物體排開水的重量，而浮力與物體排開水的重量會相等。正如同阿基米德所說：「**浸在水中的物體，僅會減輕該物體排開流體的重量部分**」。

█ Let's重現！～實際做個實驗確認看看吧～

在學習密度和比重的過程中，經常會用樹枝可以漂浮在水上、鐵塊會沉入水裡來作為解說範例，但這些舉例的情況都太過於理所當然，很難吸引人們的興趣與目光，難道我們就不能夠進行更有趣、更令人感動的實驗嗎？其實人們很容易受到一些有助日常生活的故事或小知識吸引，例如和米飯、蔬菜相關的事情。

農民會將收穫而來的稻米，從中挑選出比重較大的稻穗作為隔年要播種用的種子，比重較輕的則作為糧食出貨。這時，我們該如何分辨稻米的輕重呢？還有，聽說成熟的蔬菜較重，這又是為什麼呢？

另外，在防災教育方面最新討論的話題是，為了對溺水的人伸出援手而扔下寶特瓶，這是正確的行為嗎？

為了解答上述疑問，我們可以透過各種實驗來確認看看！

領域 物理・生物　　Level ☆

蔬菜的浮沉實驗

意外的是，我們往往搞不清楚哪些蔬菜會浮在水面，哪些蔬菜會沉入水底。也可以改用水果之類的來進行這個有趣的實驗，猜猜看放入鳳梨會怎麼樣呢？放入南瓜又會是什麼結果呢？試著進行各式各樣的實驗吧！

準備物品

水槽、成熟番茄與生番茄、南瓜、茄子、白蘿蔔、胡蘿蔔、小黃瓜、馬鈴薯、蘋果等……。

實驗步驟

1. 在水槽中放入約 2/3 的水，陸續放入蔬菜，看看它們會浮起還是下沉。

結果

一般來說，種植在土壤裡的蔬菜會沉入水中。雖然像是馬鈴薯以及地瓜等，有時候會因為下大雨時土壤裡充滿水分而浮起，令人感到相當困擾，但是它們的密度還是比水來得大。樹木的果實通常不太會比樹枝來得重，因為它們通常會比水的密度小。然而果實成熟後，由於糖分增加，有些又會變得比樹枝重。

　　　　　　　　　　　　　領域 物理　　**Level** ☆☆

可以在空氣中平衡，那在水中呢？

試著用與阿基米德相同的實驗方法，以一種動態的方式來認識浮力吧！如果沒有適合用來比較的蔬菜，也可以利用寶特瓶或是其他容器，來積極地實驗看看！除此之外，在浮力方面也可以使用相同體積的木頭或是鐵塊等，會更容易說明。這個實驗可以滿足所有人的求知慾，請試著愉快地進行實驗吧！

準備物品

天秤用的桿子（直徑約 1cm，長度約 50cm）、繩子（或是線）、水槽。

實驗步驟

1. 在大氣環境中，用天秤釣著兩種蔬菜，先調整線的位置，使天秤平衡，再將天秤沉入水中。一邊預測結果，一邊進行這項實驗。

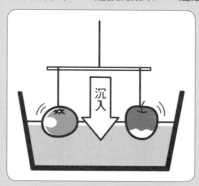

結果

　　一般會認為，在大氣中用天秤吊起的物體質量理應相同，這時，如果物體的密度相同，體積應該也要相同，然而透過實驗我們可以理解，當物體密度不同，密度越小，體積應該要越大。體積較大者排開水重較多，因此受到的浮力較大，會使天秤產生不平衡。

專欄 ◇ **巨大氣球的墜落實驗**

　　往一顆巨大的氣球（1m左右）中灌入空氣使其膨脹，再將另一顆內灌入二氧化碳備用。之後將兩顆氣球同時往下丟，灌有二氧化碳的氣球會比較快墜落至地面。物體體積相同時，在大氣中會受到同樣大小的浮力，但是質量較大者所受重力也較大，所以重力減去浮力造成的向下加速度是二氧化碳球較大，會讓它比較快墜落至地面（請參考p.19實驗3-2）。

實驗 ③　**七種回收物實驗領域**

領域 物理・化學　Level ☆☆

　　塑膠上都會有一個分類標記，像是 PET 1 是指聚對苯二甲酸乙二酯（polyethylene terephthalate）。以往通常會藉由燃燒的方法來確定塑膠材料，但燃燒又會因為其中所含有的雜質而釋放出有毒氣體，並產生二氧化碳，所以在此，我們用一種不需燃燒的方式來分類塑膠。

準備物品

　　水槽、七種塑膠（每片切割成約 5 cm）。

實驗步驟

1. 將七種塑膠片一起放入水槽，觀察哪些會浮起，哪些會沉入槽底。
2. 確認一下該塑膠的回收標誌，透過網路查詢塑膠的名稱與密度等相關資訊，並且製作成表。

注意 容器中如果有空氣就會浮起來，所以一定要先切割成一片後再進行實驗！

結果

　　水的密度是 1，所以可以知道，如果物體浮在水面上，密度就會比 1 小；若沉入水底，密度就會比 1 大。只要用物體質量除以物體體積就會得到密度。進行實驗後，就可以完成以下表格。

回收標誌		物　質	用　途		密　度	浮・沉
♳	PET	聚對苯二甲酸乙二酯		寶特瓶	1.27 ～ 1.40	沉
♴	HDPE	高密度聚乙烯	超市	塑膠袋、水桶	0.910 ～ 0.925	浮
♵	PVC	聚氯乙烯		水管、軟管	1.45	沉

回收標誌	物質	用途		密度	浮‧沉
⚠️ 4	LDPE 低密度聚乙烯		保鮮膜、美乃滋包裝等軟管	0.91 ～ 0.92	浮
⚠️ 5	PP 聚丙烯		食品容器、沐浴用品	0.91 ～ 0.96	浮
⚠️ 6	PS 聚苯乙烯		盤、碗	1.05 ～ 1.07	沉
⚠️ 7	OTHER 其他塑膠				

專欄　◇ **寶特瓶可以取代救生圈嗎？**

　　根據實驗我們可以得知寶特瓶本身的材料其實是會沉入水中的，若將小型的寶特瓶內裝滿空氣後蓋上瓶蓋，其平均密度未必會小於一，所以無法浮起，也對溺水的人沒有幫助。除非是夠大的寶特瓶，裝入空氣密封後才有機會達到平均密度小於一而浮起。不過一個大寶特瓶所能產生的浮力很有限，如果真的要當作救生圈撐住一個溺水的人，恐怕要非常多個巨大寶特瓶才真的能有所幫助。

▪ 從上述這個實驗我們可以知道：

　　物體是否會浮在水面上，不能夠用物體的輕重與否來判斷，**重點是要先確認物體的密度大小。**

2 單擺運動的等時性 ～一五八三年因為比薩大教堂的吊燈搖晃而被發現～

伽利略・伽利萊
（Galileo Galilei，儒略曆一五六四年～格里曆一六四二年）

？ 伽利略・伽利萊是誰？

　　伽利略・伽利萊（以下簡稱伽利略）是一名出生於義大利比薩的物理學家、天文學家以及哲學家。他與羅傑・培根同樣被譽為科學實驗方法的先驅者之一，因其成就斐然，伽利略後被稱作「天文學之父」。此外，伽利略在處理天文學和物理問題時，並沒有遵循亞里斯多德的權威主義，都是自己親自進行實驗，並用自己的雙眼去確認實際發生的現象，因此，伽利略亦被稱為「科學之父」。義大利兩千里拉的鈔票上曾經有一段時間是使用伽利略的肖像（一九七三～一九八三年所發行的紙鈔）。

在發現單擺的等時性之前

比薩大教堂中，一盞剛點亮的吊燈大幅度地搖晃著，伽利略原本只是無意識地看著，後來，他突然發現，不論是大幅度搖晃還是小幅度搖晃，燈具擺動的時間都不會改變。於是他按著手腕的脈搏測量時間，發現每次擺動時間內所產生的脈搏次數幾乎相同。一五八三年時他發現單擺規則，確認「擺錘擺動的時間與搖晃的幅度無關」。

而後他又發現，「**不論線前端所綁的擺錘重還是輕，只要線的長度固定，擺動的時間就永遠不變！**」也就是所謂的「**單擺等時性**」。

什麼是單擺的等時性？

當擺錘長度相同，不論線的粗細、擺錘的質量或是形狀、振幅改變，擺動的周期都不會變化，仍會維持一定，這樣的性質就被稱作「**單擺的等時性**」。但擺錘長度較長時，單擺的擺動周期會變長；擺錘長度較短時，單擺的周期則會變短。

Let's 重現！～實際做個實驗確認看看吧～

擺錘長度較長或是較短時，擺動周期是否真的會有所不同？當擺錘長度相同，不論擺錘的質量大小如何，單擺的擺動周期都相同嗎？此外，當擺錘的振幅變大或變小，單擺的擺動周期是否會有所不同？就讓我們用實驗①與實驗②來確認看看吧！

實驗 ①　　　　　　　　　　　　　　　　**領域** 物理　**Level** ☆

擺錘的長度與擺動週期

試著改變擺錘長度，來確認單擺擺動的周期吧！

準備物品

擺錘、線、鉤子。

實驗步驟

1. 將擺錘的長度設定為 25 cm、50 cm、100 cm，測量擺錘擺動十次的時間。

2. 進行約三〜四次實驗，取平均值後，計算出擺動一次的時間。

注意 擺錘的質量、擺動的角度都要相同。

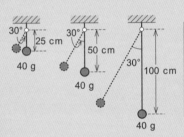

擺錘長度	擺錘擺動十次的時間 S				擺動一次的時間 s
	第一次	第二次	第三次	平均	平均÷10
25cm	10.0	10.1	10.0	10.0	1.0
50cm	14.1	14.2	14.1	14.1	1.4
100cm	20.0	19.9	20.0	20.0	2.0

結果

擺錘長度為 25 cm 時，10.0 ÷ 10 = 1.0 s

擺錘長度為 50 cm 時，14.1 ÷ 10 = 1.4 s

擺錘長度為 100 cm 時，20.0 ÷ 10 = 2.0 s

擺錘長度越長，單擺的擺動周期越長；擺錘長度越短，單擺的擺動周期越短。因此，我們可以得知單擺的擺動周期會因為擺錘的長度而有所改變。

實驗 2

領域 物理　　Level ☆

擺錘質量、擺動幅度及週期

改變單擺的擺錘質量與振幅，試著確認單擺的擺動周期。

準備物品

擺錘、線、鉤子。

實驗步驟

1. 如圖 1，將擺錘長度設定為 100 cm，擺錘質量設定為 10 g，測量單擺擺動的時間。
2. 接著，再將擺錘質量設定為 40 g、70 g，並與「1.」的狀況進行比較（圖 1）。
3. 將「1.」的擺錘擺動角度如圖 2 所示，設定為 5°、15°、30°，測量單擺擺動的時間。

注意 「1.」與「2.」是要設定擺動的角度一致，「3.」則是要注意擺錘的質量必須相同。此外，必須進行約三～四次實驗，再計算該平均值與單擺擺動一次所需花費的時間（擺動周期）。

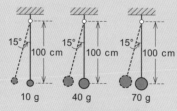

※ 擺錘長度全都一樣。
圖 1

擺錘的質量	擺錘擺動十次的時間 S				擺動一次的時間 s
	第一次	第二次	第三次	平均	平均÷10
10g	19.9	19.8	20.0	19.9	2.0
40g	20.0	19.9	20.0	20.0	2.0
70g	20.0	20.1	20.0	20.0	2.0

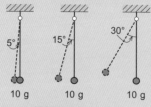

※ 擺錘長度全都一樣。
圖 2

擺動的角度	擺錘擺動十次的時間 S				擺動一次的時間 s
	第一次	第二次	第三次	平均	平均÷10
5°	19.9	19.9	20.0	20.0	2.0
15°	20.0	20.0	20.0	20.0	2.0
30°	20.1	20.0	20.1	20.1	2.0

結果

當擺錘質量為 40g，單擺的擺動周期為 20.0 ÷ 10 = 2.0 s。改變擺錘的質量後再進行測量，單擺周期仍為 2.0 s，擺動周期維持一定。此外，將擺動角度改為 30°左右再進行測量，周期也還是 2.0 s。由此可知，單擺擺動周期與擺錘的質量或振幅無關。

從上述這個實驗我們可以知道：

 　　與擺錘的質量以及振幅無關，只要決定好單擺的線長，單擺都會在一定的周期內擺動，這就是所謂「**單擺的等時性**」。

專欄　◇ **打破單擺的等時性時**

　　經由單擺實驗來測量擺動周期，並計算到小數第一位後，會發現截至目前為止的實驗中，已經可以確立「單擺等時性」的論點成立。然而，當我們計算到小數第二位，如下表所示，會在30°時慢慢偏離核心。

線長 cm	50	100	200
角度°	周期 s	周期 s	周期 s
5	1.41	2.02	2.84
10	1.41	2.02	2.85
15	1.41	2.01	2.84
20	1.41	2.04	2.85
30	1.43	2.03	2.86
45	1.46	2.07	2.94
60	1.49	2.14	不能

　　一般而言，進行單擺實驗時，擺動角度會在5°以內，我們也可以透過這個實驗資料進行確認。擺動角度在5°以下時，可以藉由以下計算方式，計算單擺的擺動周期。

　　在一條纖細且無法再延長、長度為L的線上綁上質量為m的擺錘。在鉛直面內擺動時，對擺錘的作用力僅有重力mg與張力T。將最下方的一點設為原點0，線與鉛直線形成的角設為θ，從擺錘的0開始，沿著圓弧的位移變位設為x（以右側為正）時，這些合力為$mg\sin\theta$。擺錘會隨著這個合力，進行加速度運動。

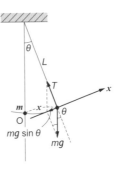

右圖所示，運動方程式可寫為：

$$ma = -mg\sin\theta。$$

θ相當微小（$\theta<5°$），

$$\sin\theta \fallingdotseq \tan\theta \fallingdotseq \theta = \frac{x}{L}$$

因此，

$$ma = -mg\theta = -mg\frac{x}{L} = -\frac{mg}{L}x = -m\omega^2 x。$$

$$a = -\frac{g}{L}x = -\omega^2 x$$

$$\omega = \sqrt{\frac{g}{L}} \quad T = \frac{2\pi}{\omega} = 2\pi\sqrt{\frac{L}{g}}$$

　　根據前述算式，我們可以再次確認，只要決定好單擺的線長，周期就會是固定的。

　　這裡所謂 $\theta<5°$ 所代表的意義是指，單擺的擺動軌跡看起來並非圓弧狀，而是幾乎呈一直線。因此，我們將單擺線長設為10 m，並試著使之擺動時，擺錘的軌跡會沿著1m的直尺移動，看起來就會像是一直線，由此可以得知，單擺擺動軌跡「看起來並非圓弧形，而是幾乎呈一直線」。

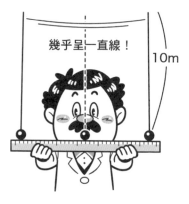

3 自由落體定律 ～一五八九～一五九二年　在比薩斜塔上進行的自由落體實驗～

伽利略‧伽利萊
（Galileo Galilei，儒略曆一五六四年～格里曆一六四二年）

❓ 伽利略‧伽利萊是誰？

　　伽利略出身於比薩，而比薩當地有一座比薩斜塔，據說比薩斜塔是為了紀念在巴勒摩附近擊落薩拉森（現為橫跨敘利亞至沙烏地阿拉伯地區的沙漠游牧民族）的艦隊而於一〇六三年開始建造。伽利略於一五八一年進入比薩大學，一五八五年休學。不過，他自一五八二年左右便開始研究歐幾里得與阿基米德的學說，而後在一五八九年以教授身分開始在比薩大學教授數學，一五九二年成為帕多瓦大學教授，教授幾何學、數學、天文學等學科直至一六一〇年。在那段時期，伽利略完成了許多劃世代的科學發現與技術改良。

▉ 在比薩斜塔自由落體實驗出現之前

根據亞里斯多德的自然哲學體系，越重的東西墜落得越快。但與其相反，伽利略認為，重的東西和輕的東西會同時落下，並將其稱作「**自由落體定律**」。為了證明這一點，據說伽利略曾經在一五八九年，從比薩斜塔頂端同時放下兩顆尺寸不一的球，想要證明它們都會在同一時間點著陸。但這個著名的實驗據說其實只是一個故事，是由伽利略的學生們創作的，有很多研究人員實際去進行卻無法成功。

事實上，伽利略所進行的實驗是將尺寸相同但重量不同的球放在一個傾斜的軌道上，再將球滾落，當時的實驗狀態都有被描繪下來。

▉ 什麼是自由落體定律？

伽利略的「自由落體定律」認為，物體會都以相同速度落下，即使物體較重，也不會因為重力而加速落下。

一九七一年阿波羅十五號的機組員在月球表面進行了相同的實驗（為了排除空氣阻力的影響），讓鐵鎚與鳥毛在月球表面同時落下。該實驗證實了伽利略的假說。

▉ Let's 重現！～實際做個實驗確認看看吧～

實驗 ① 　　　　　　　　　　　　　　　領域 物理　　Level ☆
紙團與紙片

將緊緊揉成一團的紙團與平坦的紙張同時往下拋，會發生什麼事呢？

實驗 ②

領域 物理　　Level ☆

將氣球綁在厚重書本上的墜落實驗

    氣球往下墜落時，會因為受到空氣阻力而緩緩墜落至地面。沉重的書本向下掉時，則會迅速墜落至地面。那麼在書本上擺放氣球，結果會怎麼樣呢？

準備物品

    A4 尺寸以上的沉重書本、氣球、打氣筒。

實驗步驟

    1. 讓氣球與沉重的書本分別以相同的方式往下墜。
    2. 把氣球放在書本上，讓它們同時往下墜。

結果

    氣球會依附在書本上，和書本同時墜落至地面。

理由

    在腳踏車競速與賽車中，有一種行駛技巧叫「滑流（slipstream）」，亦即跟在前方車輛的後方可以避免自己承受空氣阻力。這時的氣球即是在書本的滑流保護下，沒有受到空氣阻力，因此才可以與書本同時墜落至地面。

實驗③-1：用巨大的天秤來秤重

準備物品

直徑 100cm 的巨大氣球（兩顆）、一條線、滑車兩台、100% 的二氧化碳氣體、鼓風機、巨大天秤。

實驗步驟

1. 在其中一顆巨大氣球內灌入 100% 的二氧化碳氣體，另一顆則用鼓風機灌入普通空氣（二氧化碳濃度為 400ppm），讓兩顆氣球皆充飽氣體。
2. 在巨大天秤上的兩台滑車上掛一條線，兩端分別吊掛一個氣球，比較兩者重量。確認哪一顆氣球比較重。

結果

充滿 100% 二氧化碳的氣球比較重，所以裝有 100% 二氧化碳的氣球端會向下滑動，裝有普通空氣的氣球端會向上滑動。

實驗③-2：灌入不同氣體的氣球自由落體實驗

準備物品

直徑 100cm 的巨大氣球（兩顆）、100% 的二氧化碳氣體、鼓風機。

實驗步驟

1. 讓灌有二氧化碳的氣球與灌有普通空氣的氣球同時往下墜。確認哪一顆會先墜落至地面。

結果

充滿二氧化碳的氣球會先墜落至地面。

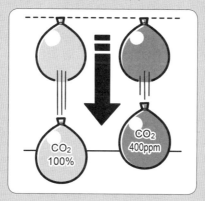

理由

在大氣中，將充滿二氧化碳的氣球與充滿一般空氣的氣球同時往下拋，兩顆氣球不僅會受到空氣阻力影響，還會受到浮力的影響。由於體積都一樣，因此當浮力幾乎相等，較輕的氣球會較為緩慢地墜落至地面。

領域 物理　　**Level** ☆☆☆

水球墜落比賽

僅使用一張圖畫紙、剪刀和口紅膠，該如何讓水球從二樓的高度落下卻不會破掉呢？這是一個自主學習的過程，並沒有標準答案！

準備物品

圖畫紙（一張）、剪刀、口紅膠、水球、接水球的盆子。

實驗步驟

1. 在水球上黏貼一張設計過的圖畫紙。
2. 將水球往下拋。

結果

墜落至地面時，如果水球沒破，那或許就算是找到了其中一個正確答案。而如果水球破裂，就需要去思考一下水球為什麼會破，然後試著再度挑戰。

📑 從上述這個實驗我們可以知道：

大氣中有空氣阻力作用，因此我們可以確認在體積相同的狀態下，較重的物體會比較輕的物體更快墜落至地面；而在真空狀態下，較重的物體和較輕的物體則會同時墜落至地面。此外，如果有辦法增加空氣阻力，那麼即使是很沉重的物體，也可以緩緩地墜落至地面。

4 加速度的概念 ～伽利略於一六〇四年左右有此靈感，一六〇九年正式確立～

伽利略·伽利萊
（Galileo Galilei，儒略曆一五六四年～格里曆一六四二年）

？ 伽利略·伽利萊是誰？

　　伽利略於一六〇四年左右開始進行自由落體運動研究。他於一六〇四年發現自由落體定律，並於一六〇九年確立。後年，在其出版的著作《關於托勒密和哥白尼兩大世界體系的對話》（*Dialogue Concerning the Two Chief World Systems: Ptolemaic and Copernican*）以及《兩種新科學》（*Discourse concerning Two New Sciences relating to Mechanicks and Local Motions*）中皆有記載自由落體實驗。

　　附帶一提，伽利略的父親文森西奧·伽利略是一名出生於佛羅倫斯的音樂家。其父親所進行的研究是將數學方法套入樂理領域之中，據說這件事情很有可能影響了伽利略的物體運動研究。

▇ 在發現加速度概念之前

根據《兩種新科學》中所記載的自由落體實驗，伽利略從大約 100m 的高處讓尺寸相同的鉛球和橡樹果實同時落下，在抵達著陸點之前，鉛球只領先大約 1m 左右。接著再試著改用鉛球和石頭，使兩者同時落下，則幾乎看不到兩者的差異。根據這個結果，伽利略得出的結論是：先前人們所相信的內容其實是錯誤的，正確答案應該是落下的時間與重量無關，而且他還認為，鉛球和橡樹果實間的微小差異是因為空氣阻力所造成的。

後來，伽利略又進一步想探討落下物體的速度在墜落過程中會有怎樣的變化，然而，要直接確認該現象有點困難，因此他改以研究金屬球在斜面上旋轉掉落時的狀況。他發現球從靜止狀態出發時，行走距離會與所需的時間平方成正比。而球從靜止狀態出發時，在一定的時間內，各區間所行走的距離為奇數比，也就是說，會按照 1、3、5……的比例增加。這樣的狀態表示球落下的速度會一直增加，結論就是會進行加速度運動。

▇ 什麼是加速度概念？

因為在一定的時間區間內行走的距離為奇數比，所以伽利略斷定該種運動為「**等加速度運動**」。沿著斜面，於 1、3、5……的間隔處繫上鈴鐺，物體會在從斜面落下的過程中碰觸到鈴鐺並發出聲響。這樣一來，鈴鐺應該會在相對的時間間隔依序發出鈴響。

之後伽利略又在相同傾斜角度的斜面上，確認球的運動狀態，除了非常輕的物體外，與該重量（質量）並無關係。此外，改變斜面的傾斜度，也會改變自由落體運動的速度，但是 1、3、5……的等比關係依然成立，即使斜面角度為九十度，此推論現象應該也會相同。物體自由落下的落下距離與所需時間的平方成正比，1、3、5……的法則成立，與物體的質量無關。

伽利略的實驗結果

經過的時間單位	1	2	3	4
單位時間的行進距離	1	3	5	7
從起點開始的行進距離	1	4	9	16

▓ Let's 重現！～實際做個實驗確認看看吧～

進行自由落體運動時，物體會以怎樣的方式落下呢？會以每秒相同的距離落下嗎？假設如此，若以每 40cm 為間隔擺放四個擺錘，準備如實驗①的繩子，應該就會在相同的間隔時間聽到擺錘碰撞到水桶底部的聲音。然而，實際上卻不會在相同的間隔內發出聲音，聲音與聲音間的間隔時間反而縮短了。

那麼，自由落體運動是怎樣的運動呢？伽利略利用斜面，證明了自由落體運動是一種等加速度直線運動。製作成自由落體運動的 v-t 圖以及 s-t 圖後，我們可以先用視覺方式理解這個概念，再進行聽覺上的確認實驗。最初，從速度為 0（初速為 0）的狀態，以每秒 g，速度為鉛直向下的加速運動如 v-t 圖所示。

$v_0 = 0$
$v_1 = v_0 + g$
$v_2 = v_1 + g = 2g$
$v_3 = v_2 + g = 3g$
....
$v = gt$

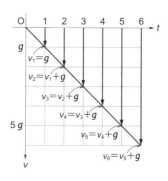

可以從面積確認落下的距離，因此也可以試著將其畫成圖表。

$$s_0 = 0$$

$$s_1 = \frac{1}{2} \times v_1 \times 1 = \frac{1}{2}\,g$$

$$s_2 = \frac{1}{2} \times v_2 \times 2 = \frac{1}{2} \times 2g \times 2$$

$$= \frac{1}{2} \times g \times 2^2 = 2g$$

$$s_3 = \frac{1}{2} \times v_3 \times 3 = \frac{1}{2} \times 3g \times 3$$

$$= \frac{1}{2} \times g \times 3^2 = 4.5g$$

$$s = \frac{1}{2}\,gt^2$$

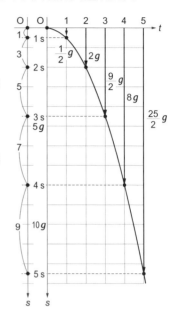

同時，試著計算每個區間的移動距離比例。落下距離如圖表的左側所示，我們可以確認其比例會成奇數列。

![實驗1]

領域 物理　　**Level** ☆

實驗 ① 1：3：5：7……的實驗

準備物品

水桶等會發出較大聲響的東西、擺錘（也可以用螺帽等有點重量的物品）、線、透明膠帶、捲尺。

實驗步驟

1. 如圖，將螺帽綁在線上。其中一邊以等距間隔綁在 40cm、80cm、120cm、160cm 處，另一邊則以奇數列間隔綁在 10cm、40cm、90cm、160cm 處。
2. 將水桶放在地板上，再將線原點側的前端以透明膠帶確實黏貼在水桶底部。
3. 確實拉緊線，使其呈自由落體落下。確認擺錘打到水桶時的聲音間隔。

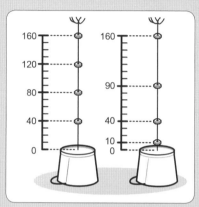

結果

  如果等距放置螺帽，就會聽到聲音間隔持續縮短。但如果僅將螺帽放置在奇數列，則會在等間隔的時間點聽到聲音。因此，我們可以確認自由落體是一種等加速度運動。

領域 物理　**Level** ☆☆

實驗 ❷　自製加速度計

準備物品

CD（或是 DVD 盒）、透明接著劑、透明膠帶、有顏色的水（可用清水加墨水即可）、分度器。

製作步驟

1. 將三片裝 CD 或是 DVD 之類的扁盒，用接著劑黏起避免漏水，在接著劑開始乾燥時，用透明膠帶將已接著處覆蓋住。
2. 待接著劑乾燥後，將已染色的水倒入扁盒中。如果還有漏水，請先處理好。直到都沒有再漏水後，就把最後一個方向的開口處用接著劑以及透明膠帶彌封，確保都不會再漏出水來，這樣就製作完成了。

實驗步驟

1. 將加速度計放在力學台車等可進行加速度運動的物品上，進行加速度測量。用智慧型手機拍照後印出，即可用分度器測量角度。或是，將加速計放在電車車窗旁，進行加速度測量。
2. 可以用 $a = g \tan\theta$ m/s² 公式求得加速度。或是，事前在加速計外殼上標記刻度，即可輕鬆讀取。

※審訂者註：可參考國立中央大學科學教育中心「加速下液面變化」實驗

結果

當加速度計實際感受到加速度，加速度計的水面會傾斜，即可從該傾斜度求得其加速度的數值。

▓ 從上述這個實驗我們可以知道：

像是自由落體這種快速發生的現象，其實很難從視覺上判斷它是否為等加速度的線性運動，但是我們可以透過斜面觀察，或是去思考它為等加速度運動時會發生什麼事，即可證明它是等加速度直線運動。

5 慣性定律

伽利略‧伽利萊
（Galileo Galilei，儒略曆一五六四年～格里曆一六四二年）

? 伽利略‧伽利萊是誰？

　　以實驗方式確認「加速度」存在的人就是伽利略。後來，伽利略又發現了「慣性定律」。

　　題外話，伽利略辭世於一六四二年，而那一年，天才艾薩克‧牛頓剛好誕生於世。

▉ 在發現慣性定律之前

伽利略發現，當球沿著一個
完全平滑的斜坡滾動，球落下時
的速度為 v。無論是自由落下還
是沿著任意傾斜角度的斜坡落下，
當落下的高度為 h，v 應經常等於
$\sqrt{2gh}$。

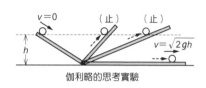

伽利略的思考實驗

此外，透過觀察，我們發現無論物體的重量（質量）為何，速度
皆為 $\sqrt{2gh}$。因此可以推斷，假設想要讓物體滑上任意斜面，只要給予
同樣的初始速度 $\sqrt{2gh}$，就可以再次達到相同的高度 h。

逐漸縮小斜面的傾斜度，在接近水平時，讓物體滑上斜面，在速
度變為 0 之前的滑行距離會變長。由此可知，當斜面達到水平前，物
體會持續滾動。此外，我們認為此時的速度並沒有下降，仍會維持在
$\sqrt{2gh}$（思考實驗《兩種新科學的對話》）。

如此一來，只要沒有外部的力量作用，物體自然會維持在最初的
速度，這就是所謂的「**慣性定律**」。伽利略表示，根據慣性定律，不論
地球自轉還是公轉，我們跟著一起動作也不會有任何問題。

伽利略就是這樣發現了「慣性定律」，笛卡兒（法）的「哲學原理」、
牛頓（英）的「自然哲學的數學原理」皆以其作為理論基礎。

▉ 什麼是慣性定律概念？

一個靜止的物體，只要沒有外力
作用於該物體上，就會持續維持靜止。

此外，當物體進行等速度直線運
動，只要沒有外力作用於該物體上，
就會持續進行等速度直線運動。物體
具有維持現有運動狀態（包含靜止）
的性質，這性質稱作「**慣性**」。

🔲 Let's 重現！～實際做個實驗確認看看吧～

實驗① 不倒翁福槌遊戲與摩擦實驗

　　雖然在大創等日式平價商店都可以買到普通的不倒翁福槌遊戲組，但是為了可以愉快地進行實驗，讓人感受到實驗的規模也是很重要的，就讓我們來準備大型的不倒翁福槌遊戲進行實驗吧！

實驗① -1：巨大的不倒翁福槌圓柱

準備物品

　　足夠耐用的瓦楞紙箱、自製的槌柄、封箱膠帶。

製作步驟

1. 將瓦楞紙箱切割成直徑 30cm 左右的圓板，先準備好兩張。
2. 將其中一張圓板當作底板，再用瓦楞紙箱包住圓板周圍做出圓柱狀，這時先不要蓋上上蓋。
3. 依直徑長度將瓦楞紙箱割成四張長方形板，切割後讓中心點互相交叉固定，之後擺放在圓柱內側，作為柱體補強。
4. 蓋上圓柱上蓋，確實以封箱膠帶密封。依循上述步驟做出四個左右的圓柱。
5. 為了讓槌子的槌頭部位有分量，可以重複堆疊多張瓦楞紙。

實驗步驟

1. 和一般進行不倒翁福槌遊戲的方式一樣，用槌子敲打不倒翁福槌遊戲用的圓柱體。
2. 也可以用那種擺放在桌上的小型桌上不倒翁福槌遊戲組，進行相同的實驗。

結果

　　以槌子敲打其中一節，若是成功，上方的不倒翁頭會在那一節被敲走後直接掉落在下一個圓柱上而不會倒下來；如果失敗了，則會倒下。

實驗① -2：摩擦力實驗
（也可以用巨大的不倒翁福槌遊戲組進行實驗 !!）

準備物品

桌上型的不倒翁福槌遊戲組、彈簧秤。

實驗步驟

1. 將彈簧秤以透明膠帶黏在桌上型的不倒翁福槌遊戲上，試著找出正向力與摩擦力的大小關係。摩擦力的大小可以利用被橫向拉扯的彈簧秤來測量。

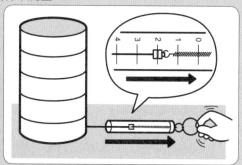

2. 將圖表橫軸的正向力設為 N，縱軸設為摩擦力 f，求得靜摩擦係數 μ_s。以及求得動摩擦係數 μ_k。

結果

　　不倒翁福槌遊戲的平台，只要沒有承受超過一定程度的強大力道就不會有任何動作（最大靜摩擦力）。這時的圖表如下圖，可知最大靜摩擦力 f_s 與正向力 N 會成正比。靜摩擦係數 μ_s 為此圖的斜率。算式可寫為 $f_s = \mu_s N$。

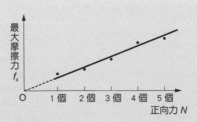

此外，如下圖，物體開始移動後，我們可以使用彈簧測得動摩擦力。因此，可以得知動摩擦力會小於最大靜摩擦力。

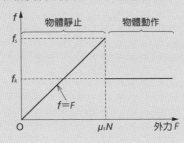

實驗① -3：摩擦係數會改變唷！

準備物品

實驗① -2 的不倒翁福槌遊戲組圓柱、磨砂紙、耐震墊片、鋁板等。

實驗步驟

1. 堆疊數個不倒翁福槌遊戲圓柱，在最下方的平台分別貼上磨砂紙、耐震墊片或是鋁板（亦可使用切開的鋁罐飲料瓶側面），進行「實驗① -2：摩擦力實驗」。
2. 確認在不同的底部狀態下，靜摩擦係數以及動摩擦係數會如何變化。

結果

使用耐震墊片時，即使用彈簧秤拉扯也幾乎不會動，彈簧秤的刻度毫無用處。使用（粗）磨砂紙時，靜摩擦係數為 0.72，動摩擦係數為 0.40；使用（細）磨砂紙時，靜摩擦係數為 0.62，動摩擦係數為 0.34；使用鋁板時，靜摩擦係數為 0.30，動摩擦係數為 0.21；直接使用不倒翁福槌遊戲組的平台時，靜摩擦係數為 0.55，動摩擦係數為 0.38。

實驗①-4：從摩擦角度求得摩擦係數

準備物品

實驗①-2 的不倒翁福槌遊戲組、分度器、斜面。

實驗步驟

1. 將不倒翁福槌遊戲組平台放在斜面上，並且測量摩擦角靜度。
2. 根據斜面上的物體平衡狀態，求得靜摩擦係數。最大摩擦力為 f_s，正向力為 N。這時求得的 θ 稱作摩擦角度。我們使用以下算式從摩擦角度求得靜摩擦係數。

$$\begin{cases} f_s = \mu_s N \\ x : f_s - mg\sin\theta_0 = 0 \Rightarrow \mu_s = \dfrac{f_s}{N} = \dfrac{mg\sin\theta_0}{mg\cos\theta_0} = \tan\theta_0 \Rightarrow \therefore \ \mu_s = \tan\theta_0 \\ y : N - mg\cos\theta_0 = 0 \end{cases}$$

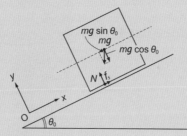

結果

摩擦角度為 29°，也就是説 $\mu = \tan29° = 0.554 ≒ 0.55$。得知使用彈簧的靜摩擦係數亦為 0.55，因此可以確認結果一致。

實驗②

領域 物理　　Level ☆☆

氣球氣墊船實驗

「車子無法立即停止！」這不就是我們所熟知、最常用來表示「慣性定律」的招牌用語嗎？這句話簡直可以直接用來解説物理學原理了。在「慣性定律」中，由氣球製成的氣墊船實驗相當有名，不過這次我們要讓氣球變得更大，並且嘗試使用這顆巨大氣球進行氣墊船實驗。讓這個巨大氣球行走 10m 左右，然後給予強烈衝擊、使其停止，即可實際感受到所謂的慣性。一開始可以先用巨大版氣球進行實驗，之後再製作一個桌上版的氣球氣墊船進行實驗。

實驗②-1：巨大型氣球氣墊船

準備物品

珍珠板、瓦楞紙箱、寶特瓶（500mL）、封箱膠帶、巨大氣球（大約1m左右的大小就會很好玩）、鼓風機。

製作步驟

1. 將珍珠板切成直徑 1m 的圓形，並且在中心挖出一個大約可以放入鼓風機出風口的孔洞。
2. 將寶特瓶的上半部切開，先用封箱膠帶將寶特瓶與大型氣球黏貼在一起，再黏在珍珠板下方。
3. 為了不要讓其因為巨大氣球本身的重量而傾倒，可以用瓦楞紙包圍住巨大氣球的吹嘴處。

實驗步驟

1. 移動至長廊或是體育館，用鼓風機使氣球鼓起。
2. 推動氣球，使之在地板上滑動前進。

結果

讓人幾乎可以實際感受到「等速度直線運動」以及「慣性定律」。

實驗②-2：桌上型氣球氣墊船

準備物品

廢棄 CD 片或是 DVD 片、寶特瓶蓋、氣球、透明膠帶、大創等日式平價商店販售的打氣筒（請選擇管子上有孔洞的噴嘴）、硬管（能夠適用於打氣筒的）、接著劑、錐子、剪刀。

製作步驟

1. 在寶特瓶蓋的中心位置剪開一個與吸管直徑大小相同的孔洞。建議可以先用錐子打一個洞,再用剪刀把孔洞剪大。
2. 將硬吸管剪成約 3cm,並且嵌入蓋子上的孔洞,再用接著劑使其緊密貼合。確保嵌入的硬吸管前端不會與蓋子脫離。
3. 用透明膠帶或是接著劑將寶特瓶蓋黏在 CD 片上。將氣球包覆住吸管,再以透明膠帶固定。確保不會漏氣。如果氣球突然漏氣,可以在吸管口貼上透明膠帶,以便調節洩漏的空氣量。

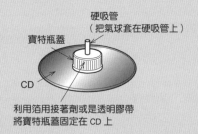

硬吸管
(把氣球套在硬吸管上)

寶特瓶蓋

CD

利用箔用接著劑或是透明膠帶
將寶特瓶蓋固定在 CD 上

實驗步驟

1. 用打氣筒朝 CD 板方向打氣,讓已插入硬吸管的氣球鼓起。也可以自己用嘴吹氣使氣球鼓起。移除打氣筒時,為了避免漏氣,必須先用手壓住原本連接在氣球出氣孔的吸管。

結果

　　放置於水平面後,鬆開原本按壓在氣球充氣孔的手指,氣墊船就會藉由噴射出的空氣浮起,並且進行長距離的移動。

領域 物理　**Level** ☆☆☆

可以載人的氣墊船

準備物品

可以讓人乘坐在上方的大型板子（也可藉由木板或是瓦楞紙箱等堆疊組成）、垃圾袋（堅固耐用款，90 L 兩個）、鼓風機（如果是無線鼓風機，還可以擴大行駛範圍）、透明膠帶、雙面膠、剪刀（或是美工刀）。

製作步驟

1. 在垃圾袋的其中一面（背面）剪出八個直徑為 4 cm 的圓孔。
2. 在大型板子前方剪出一個可以放入鼓風機出風口的圓孔。
3. 在垃圾袋正面與板子孔洞的相對位置上，也剪出一個可以放入鼓風機出風口的圓孔。

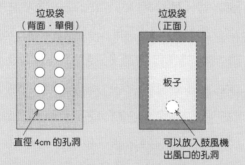

垃圾袋（背面・單側）　　垃圾袋（正面）

板子

直徑 4cm 的孔洞　　可以放入鼓風機出風口的孔洞

4. 用透明膠帶將鼓風機與出風口的圓孔連接後黏在一起。
5. 用雙面膠將垃圾袋與板子黏在一起。

實驗步驟

1. 將鼓風機插入孔洞後，開啟鼓風機灌入空氣，使垃圾袋充分鼓起後，便可運用氣流從後方推動。

結果

　　若用氣流從後方推動，整個板子就會往前行駛。此外，如果還有另一台鼓風機，就可以自由地前進、後退。

實驗④ 氣墊軌道～慣性定律（牛頓第一運動定律）實驗～

　　說到要能夠以目視來確認等速度直線運動的實驗用具，非「氣墊軌道」莫屬。但一個氣墊軌道就需要數萬元，一般人很難取得。氣墊軌道是一種利用空氣的力量，讓滑走體浮起後，能感受到彷彿毫無摩擦力運動樂趣的器具。它也能讓人實際感受到牛頓第一運動定律的狀態，了解並學習沒有外力作用於物體時的「等速度直線運動」。

實驗④ -1：巨型氣墊軌道

準備物品

製作滑走部位用的透明壓克力或是聚氯乙烯材質的圓筒塑膠管（長度大概 2 m，厚度 2 ～ 3 mm 左右，直徑大約 5 ～ 6 cm）、瓦楞紙箱、圓筒型寶特瓶（500 mL）、封箱膠帶、鼓風機兩台（一台亦可）、強力磁鐵（釹鐵硼磁鐵）數顆（需為雙數）。

製作步驟

1. 先決定好圓筒塑膠管的上下端，在上端以 1 cm 為間隔打出三列的洞。
2. 在圓筒型管的兩端插入鼓風機（如果只有一台鼓風機，則可以將另一端完全塞住），為了讓此裝置能夠確實站立，可以利用瓦楞紙箱之類的東西製作出一個支撐平台，若沒有，也可以藉由堆疊書本的方式取代。

3. 將圓筒型的 500 mL 寶特瓶剪開，去掉頭尾後，製作成滑走體，接著如圖，將滑走體套在圓筒的通道上。
4. 在寶特瓶下方裝上鐵製秤錘，再加上強力磁鐵。
5. 在瓦楞紙箱的支撐體上，與寶特瓶滑走體秤錘上所吸附的強力磁鐵高度位置相同處，黏貼一個同極的強力磁鐵，使之與滑走體相斥。假設右側的瓦楞紙箱是貼 N 極，左側的瓦楞紙箱就貼 S 極。

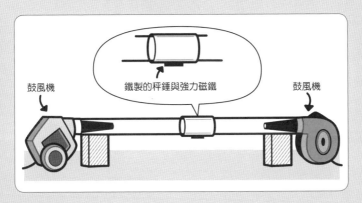

鼓風機　　　　　鐵製的秤錘與強力磁鐵　　　　　鼓風機

實驗步驟

1. 開啟鼓風機開關，試著用手移動滑走體。
2. 使用碼表，確認是否正在進行等速度直線運動。

結果

　　開啟鼓風機開關後，滑走體會藉由空氣的力量浮起，因此會持續在絲毫不與圓筒通道產生摩擦的狀態下滑動。一旦關閉鼓風機，滑走體就會因為與圓筒管道摩擦而緊急剎車般地停下來。

實驗④-2：桌上型氣墊軌道

準備物品

　　A3 透明資料夾、吸管、美工刀、錐子、透明膠帶。

製作步驟

1. 將 A3 透明資料夾剪開，剪出寬度約 8 cm 的長方形塑膠片，在短邊每 2 cm 處用美工刀輕輕劃出壓痕後折起，做成一個三角柱。
2. 將該三角柱的頂角夾起，在該處以 1 cm 為間隔做出記號（如圖），並在每個記號位置以錐子等工具鑽出孔洞。

3. 插入一根吸管，將空氣吹入三角柱中，並且將另一側封起。
4. 利用剩餘的透明資料夾剪出一個倒 V 型的等腰三角形塑膠片當作
   滑走體，讓它橫跨在三角柱的通道上。

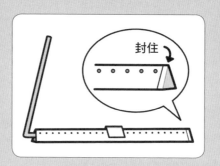

封住

實驗步驟

1. 用吸管吹氣，讓滑走體開始運動。
2. 試著停止吹氣。

結果

　　滑走體會藉由空氣的力量浮起，因此幾乎不會與三角柱的通道
產生摩擦，只要持續吹氣就可以順利地持續運動。可以和朋友合作
互相測量，確定是否會發生等速度直線運動。停止吹氣時，滑走體
會與通道摩擦後緊急剎車，並且停止不動。

▇ 從上述這個實驗我們可以知道：

　　不論是氣墊軌道或是氣墊船，都可以藉由空氣來減少摩
擦，因此我們可以觀察到像氣墊軌道這種滑走體，只要被推
送出去就無法減速，並且會以幾乎恆定的速度移動。推動氣
墊船後，不論裡面是否還有空氣，在撞到牆壁之前都會一直
採取等速度直線運動。

　　從這個事實我們可以知道，氣墊軌道或是氣墊船這類物
品，只要不與地面摩擦，「**一旦給予速度後，該物體就會進
行等速度直線運動**」。

6 伽利略與望遠鏡

伽利略・伽利萊
（Galileo Galilei，儒略曆一五六四年～格里曆一六四二年）

？ 伽利略・伽利萊是誰？～「天文學之父」伽利略～

伽利略於一六三〇年執筆撰寫《關於托勒密和哥白尼兩大世界體系的對話》，書中提及「天動說」與「地動說」兩方的假說，採取一種處於兩人之間、共計三位中立者間的對話，在不觸犯當時對「地動說」禁令的狀態下完成該書。然而，《關於托勒密和哥白尼兩大世界體系的對話》（一六三二年於佛羅倫斯發行）發行的隔年，也就是一六三三年，伽利略再度被傳喚至羅馬宗教裁判所審訊。因為儘管他在一六一六年的審判中已發誓不再提倡地動說，但是法官仍認為他出版《關於托勒密和哥白尼兩大世界體系的對話》這件事情已經破壞了誓言，因而判決他有罪。法官判定伽利略有罪後，他喃喃自語地說了一句相當知名的話："E pursimuove"（但是，地球依然在轉啊）。

在發明望遠鏡之前

人類早在幾千年前就開始對「光是什麼東西？」抱持著疑問。古代人們雖然知道光會直線前進以及光會反射的原理，但是歐幾里得（又稱亞歷山卓的歐幾里得，公元前三二五～二六五年左右）卻是第一個能向人們明確證明這些理論的人。在古希臘，光學曾是數學中的一個領域，歐幾里得在其著作《反射光學》（*Catoptrics*）中，描述了反射的規則、用凹面鏡將太陽光集中在一處會使物體燃燒的情形，以及被凸面鏡反射出去的光線路徑。其著作《光學》（*Optics*）中則描述道：「我們之所以可以用眼睛看到物體，是因為眼睛發出的『放射物質』抵達該物體」。此外，其著作《幾何原本》（*Elements*）則是彙整了與「幾何學」相關的知識，歐幾里得在其中寫下了如何使用幾何學得知光的路徑。

伽利略在物體運動以及天體方面進行了相當重要的研究，望遠鏡也成為推廣「地動說」的重要研究工具。他聽聞有人在荷蘭提出了「望遠鏡」的發明專利（一六〇八年），隨後就順勢推出了伽利略望遠鏡。

伽利略望遠鏡的原理

伽利略仔細思考過後，認為將平凸透鏡與平凹透鏡配置在同一直線時，就可以製作出望遠鏡。望遠鏡的倍率則是將平凸透鏡焦距除以平凹透鏡焦距後所得到的數值，於是他自己用兩片鏡片與圓筒組合成一個倍率可以達二十倍到三十倍左右的望遠鏡。一六〇九年觀測月球表面時，伽利略發現月球上有山有谷，隔年一六一〇年又發現木星旁有另外四顆衛星。

伽利略利用望遠鏡詳細地觀察了天體，並且將許多關於天體的描繪圖片刊載於《星際信使》（*SidereusNuncius*）（一六一〇年）。此舉有助於向人們傳達「地動說」以及科學相關觀點與思維，伽利略因而被稱作「**天文學之父**」。

伽利略望遠鏡

▚ Let's 重現！～實際做個實驗確認看看吧～

用手拿著凸透鏡試著看向遠方的風景時，上下、左右會是相反的。伽利略望遠鏡則是在接目鏡上使用凹透鏡，就會看到像是實際用肉眼看到的狀態。這種圖像稱作「**正像**」。然而，伽利略望遠鏡的視野狹窄且難以使用，因此目前的天文望遠鏡所採用的是克卜勒望遠鏡。使用克卜勒望遠鏡，會放大該反轉影像，雖然是反轉的倒立影像，但是因為圖像放大了，也會比較好用。

實驗 ①　　　　　　　　　**領域** 物理・地球科學　　**Level** ☆

伽利略望遠鏡

準備物品

兩個保鮮膜紙筒芯、A4 黑紙、凸透鏡一片（平價商店販售的凸透鏡或是放大鏡、老花眼鏡等）、凹透鏡一片（平價商店販售的望遠鏡等）、透明膠帶。

製作步驟

1. 將兩個保鮮膜紙筒芯從中間切成一半，再將 A4 黑紙確實捲成筒狀。
2. 將其中一個保鮮膜紙筒芯套入沒有筒芯的黑紙捲內。這樣一來，筒芯就可以輕易拔開，也可以隨時貼合。
3. 在外筒的外側，將凸透鏡作為接物鏡，對準筒芯口中心，再用透明膠帶將其固定。
4. 在可以拔開的筒芯外側貼上凹面鏡作為接目鏡，使其與紙筒芯口的中心對齊，再用透明膠帶固定。這樣就完成了。

實驗步驟

1. 練習調整望遠鏡的焦距，直到可以看到手電筒中的小燈泡亮起等畫面。
2. 夜晚可以觀察月亮。若是順利，還可以試著用數位相機拍攝下來。
3. 白天可以眺望遠景。

解說

　　伽利略望遠鏡是先將凸透鏡做為接物鏡，將穿過鏡片中心的光線以及與光源 PQ 平行射出的光線進入焦點 f_0，光線的交叉點就會成為倒立實像 P'Q'。倒立實像會因為接目鏡而看成正立虛像 P"Q"。

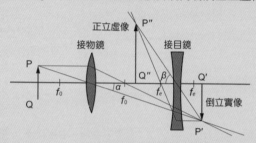

　　倍率 M 可以用物體 PQ 與成像 P"Q" 的視角比例 β / a 來表示。將接物鏡的焦距設為 f_0，接目鏡的焦距設為 fe 後，$M = f_0 / f_e$。

　　若是想要觀察的物體如天體等在非常遙遠的地方，只要有平行光線進入就可以看得到，因為光線會集中在凸透鏡焦點 F_1 的位置。將天體設為 PQ，凸透鏡僅會在與焦距 f_0 的地方投影出 PQ 成像。這個成像 PQ 可以藉由凹透鏡再放大。一般來說，望遠鏡的倍率 M 都可以用物體 PQ 與成像 P"Q" 的視角比例 β / a 來表示。a、β 的數值都很小，計算公式如下：

$$M = \frac{\beta}{a} = \frac{\dfrac{P'Q'}{f_e}}{\dfrac{P'Q'}{f_0}} = \frac{f_0}{f_e}$$

接物鏡焦距為 50 cm、接目鏡焦距為 5 cm 時，倍率約為 10 倍。

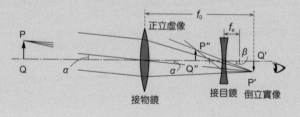

克卜勒望遠鏡

準備物品

焦距不同的凸透鏡（兩片）、筒芯等其他材料則準備與前述伽利略望遠鏡相同的即可。

製作步驟

與製作伽利略望遠鏡相同。

實驗步驟

1. 與伽利略望遠鏡進行相同的實驗。

解說

　　克卜勒望遠鏡是將穿透接物鏡（凸透鏡）中心的光線與從光源 PQ 平行射出的光線，進入焦點 f_0 後描繪出兩線的交差點，結合而成倒立實像 P'Q'。這個倒立實像會因為接目鏡，而成為倒立虛像 P"Q"。

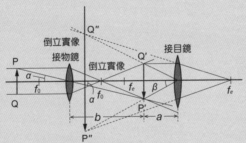

　　倍率 M 與伽利略望遠鏡相同，物體 PQ 與成像 P"Q" 的視角比例可以用 β / a 表示。將接物鏡的焦距設為 f_0，接目鏡的焦距設為 f_e，公式可寫為：$M = f_0 / f_e$。

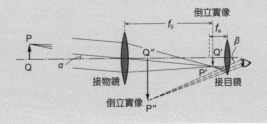

從上述這個實驗我們可以知道：

比起僅用一片鏡片，將透鏡組合後使用，可以使影像變得更大，甚至可以用於進行天體觀測等工作。

----

7 托里切利的真空實驗 ～一六四三年大氣壓實驗～

埃萬傑利斯塔・托里切利
（Evangelista Torricelli，一六〇八～一六四七年）

？ 埃萬傑利斯塔 ・ 托里切利是誰？

　　埃萬傑利斯塔・托里切利（以下簡稱托里切利）是伽利略
的弟子，為一名義大利物理學家，出生於法恩扎。他前往羅馬
後，一開始是擔任數學家貝內代托・卡斯泰利（Benedetto
Castelli）的秘書，一六四一年後成為伽利略的弟子，在伽利略
辭世之前都跟隨著伽利略進行研究，之後由托斯卡納大公斐迪
南德二世招聘為數學家・哲學家，並且受聘為比薩大學數學教
授。一六四七年死於傷寒，享年三十九歲。他被視為水銀氣壓
計的發明者，壓力單位——托（Torr）即是以托里切利為名。

在托里切利真空實驗出現之前

人類歷史上第一個想在地面上製造出真空狀態的人據說就是
一六四三年的托里切利。十七世紀初，由於蓋房子需要使用到許多礦
石，為了在義大利礦山挖掘礦石，挖井工人這個職業相當活躍。如圖
所示，根據經驗得知，利用幫浦汲水的高度是有限的，而伽利略亦有
注意到這個情形。

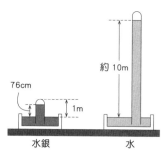

76cm

1m

約10m

水銀　　　　　水

伽利略反覆進行實驗，想要正確測量能夠用幫浦汲水的高度，結
果發現大約會在 10 m 時達到極限。推測原因應該是與空氣的重量（**大
氣壓**）有關。現在我們都已經知道氣體是有重量的，但是當時的人們
無法察覺這些用肉眼看不到的透明氣體，因此托里切利使用水銀，完
美地進行了可視化實驗。

什麼是托里切利真空實驗？

如圖，托里切利在一端封閉且長度約為 1 m的玻璃管內灌滿比重
為 13.6 的水銀，並且使其在水銀槽中倒立。結果，水銀柱的高度會停
止在距離水銀槽表面約 76 cm 的位置，在玻璃管上方會留下一段透明
的空間，他認為該透明空間就是「**真空**」。不論玻璃管粗細如何改變，
或是玻璃管傾斜站立，水銀柱高度距離水銀槽表面的高度皆不變，都
會在上方留下一段透明的空間（真空）。由此可知，我們只需要考慮水
銀柱的高度問題即可。

真空

水銀

1m 約76cm

托里切利真空實驗

▐ Let's 重現！～實際做個實驗確認看看吧～

我們人類一出生就是在充滿大氣壓的環境中，因此難以在日常生活中實際感受到大氣壓。我們試著透過一些實驗，實際體驗那些就在你我身邊、關於大氣壓的不可思議現象，藉此解開大氣壓之謎吧！藉由反覆地操作，更可以貼近托里切利當時的實驗狀況。

實驗 1

領域 物理・地球科學　Level ☆

壓扁空罐的超級實驗

準備物品

空罐、烤箱、夾子、臉盆之類的盆狀容器、水。

實驗步驟

1. 先在空罐中加入少量的水，用烤箱慢慢加熱。取出盆狀容器，在裡面裝入足夠的冷水。
2. 待罐中的水劇烈蒸發後，用夾子夾起，開口側朝下，並且盡快放入已經裝入水的盆狀容器中。

結果

連一根手指頭都不需要碰到空罐，只要藉由空氣的力量，就能讓空罐整個扁掉。

理由

　　鐵罐中的水沸騰後，體積會變成原來的一千七百倍，於是就會把鐵罐內原本的空氣驅趕出去，讓鐵罐內只充滿水蒸氣。將開口倒放在裝水的盆狀容器中，鐵罐內所聚集的水蒸氣就會因為急速冷卻，而讓其體積縮小到一千七百分之一，使得鐵罐內幾乎呈現真空狀態。假設鐵罐內側會以與大氣壓相同的壓力往外推，就足以支撐住鐵罐的形狀，但是當鐵罐內側幾乎呈現真空狀態，就會破壞壓力的平衡，必須獨自承受來自外側的大氣壓。結果，就會看見鐵罐被強力壓扁，是一個可以完全實際感受到大氣壓力的實驗。

　　本實驗之所以加上「超級」一詞，是因為一般的空罐壓扁實驗通常會用瓦斯爐等加熱器具。但是，在進行實驗秀等表演時，帶有明火的瓦斯爐往往會因為受限於消防法規而無法使用。本實驗所使用的是一般用來烤麵包的烤箱，因此可以安心進行實驗。

實驗 ②　　　　　　　　**領域** 物理・地球科學　　**Level** ☆☆

壓扁 18L 鐵桶

　　這次讓我們擴大規模，挑戰壓扁 18L 的鐵桶吧！所謂的 18L 鐵桶是指一般日本家庭購買石油火爐用的燈油時，用來放燈油的罐子，通常都會裝有 18L 的燈油。

準備物品

　　18L 鐵桶、水、瓦斯爐、長柄杓

實驗步驟

1. 將 18L 鐵桶放置在瓦斯爐上，將 100 cc（100 mL）左右的水倒入 18L 鐵桶中。
2. 開啟瓦斯爐，將 18L 鐵桶內的水煮沸。
3. 待水沸騰後，確實關緊 18L 鐵桶的栓子。
4. 用長柄杓在 18L 鐵桶上淋上大量的水。

結果

　　18L 鐵桶會發出極大聲響，之後扁掉。

18L 鐵桶扁掉的理由與前項實驗空罐扁掉的理由相同。

領域 物理・地球科學　**Level** ☆☆☆

壓扁油罐桶

　　接下來，是一個將壓迫感再次升級的實驗。所謂的油罐桶（steel drum）是指 200 L 以上的大型金屬罐，通常會以鋼鐵材質製作。用來存放石油、燈油等燃料油或是塗料、溶劑、化學藥品、醫藥原料等工業材料以及該製品等液體，以便用於搬運、儲藏的罐子。以人類的力量來說，基本上不可能直接壓扁油罐桶。因此，我們可以利用擠壓油罐桶周圍的空氣力量來達成，也就是要利用大氣壓力！

準備物品

油罐桶、露營用瓦斯爐等大型瓦斯爐、木柴、木炭、空心水泥磚、防火板、水、皮質手套（防燙傷用）、露營用瓦斯爐所需的液化石油氣（瓦斯）。

實驗步驟

1. 首先，製作一個大型灶台。在具有防火性的板子等物品上，利用空心水泥磚堆疊後，將露營型瓦斯爐放置在中間，桶子則放在堆好的磚頭上。
2. 接著，在油罐桶內加入適量的水，並且在油罐桶蓋子開啟的狀態下加熱。
3. 約等待五分鐘水就會開始沸騰，注水口也會冒出水氣。最後，注水口附近會冒出大量的水氣並且轉變為水蒸氣（如果有辦法用溫度計測量，應該可以確認此時溫度會達到 100℃ 左右），這時油罐桶內會充滿著水蒸氣。
4. 確認罐口噴出的熱氣變成透明的水蒸氣後，熄火，並且戴上可以用來預防燙傷的皮手套後，迅速關緊蓋子。
5. 確認蓋子緊密關緊之後，以水管大力用水沖向罐子。

結果

　　持續沖水一段時間，沒多久罐子就會發出相當大的聲音，最後非常有震撼力地整個扁掉。

理由

　　與前兩項實驗空罐及 18L 鐵桶扁掉的理由相同。

實驗 4

氣壓體感實驗

　　這次，讓我們來做一個只用腦袋想像的大氣壓實驗吧！

準備物品

　　厚紙板、透明膠帶、剪刀。

製作步驟

　　1. 製作出十個類似便當盒的箱子（每個高度 5 cm 左右）。

實驗

　　1. 先在黑板上畫一個富士山，接著與位於海拔 0 m 的大氣柱進行比較，也就是說我們要來比較平地空氣柱與在富士山上的空氣柱高度。

結果

可以實際感受到富士山山頂的空氣柱較矮，所以手掌上所承受的壓力較小，因此得知該處的氣壓較低。

理由

氣壓 P 是由空氣柱的重量（重力大小）除以面積 S 而來，因此將密度設為 ρ，空氣柱的高度設為 h，公式如下所示：

$$P = \frac{Mg}{S} = \frac{\rho Vg}{S} = \frac{\rho Shg}{S} = \rho gh$$

由此可知，壓力 P 和高度 h 成正比，空氣柱高度越高，壓力會變得越大。1 氣壓 = 1 atm = 1013 hPa。

實驗 5　　　　　　　　　　　**領域** 物理・地球科學　　**Level** ☆

棉花糖實驗

將棉花糖放入醃漬物專用的調理容器中，然後試著洩壓，會發生什麼事呢？

準備物品

棉花糖（或是稍微有點鼓起的氣球）、醃製物專用的簡易型調理容器。

1. 在醃製物專用的簡易型調理容器中放入棉花糖（或是稍微有點鼓起的氣球），然後抽掉空氣。

抽掉空氣

結果

若將醃製物專用的簡易調理器內部空氣抽掉，棉花糖就會變大。然而當簡易調理器內的空氣回來後，棉花糖又會縮回原本的大小。

實驗 6　**10m 軟管實驗**　　　　　　　　　**領域** 物理・地球科學　　**Level** ☆☆☆

使用水銀進行實驗會對人體有害，所以現在恐怕無法和托里切利進行相同的理科實驗。因此就讓我們試著以托里切利時代一般掘井工人都可以使用到的「水」來進行實驗吧！

準備物品

11m 左右的耐壓透明軟管、矽膠栓（兩個）。

實驗步驟

1. 將約 11m 的耐壓透明軟管其中一端先用矽膠栓塞住，之後從另一端注入水，待水管內的水裝滿後，以矽膠栓封閉注水端。
2. 先確認下方沒有人員經過，再從四樓高的陽台將水管慢慢降至一樓地面。

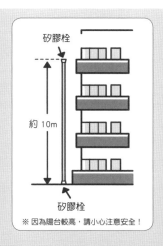

約 10m

矽膠栓

矽膠栓

※ 因為陽台較高，請小心注意安全！

結果

　　剛開始時，水管內注滿了 11 m 的水量。然而，當水管往下垂放後，水會停留在約 10 m 高度的位置，上方幾乎呈現真空，但並非是完全真空狀態，因為會有水分蒸發，導致內部還有一些水蒸氣壓，所以經常會有連 10 m 都達不到的情形。

實驗 **7**

領域 物理・地球科學　　**Level** ☆☆☆

與實驗⑥以及實驗②組合之 10m 軟管實驗

準備物品

　　11 m 左右的耐壓透明軟管、18L 鐵桶、水。

實驗步驟

1. 在四樓陽台上，先將 18L 鐵桶注滿水，之後將 11m 左右的透明耐壓軟管其中一端連接到 18L 鐵桶的注水口，此時請小心避免水溢出。
2. 先確認下方沒有人員經過，再將耐壓軟管的另一端緩緩降至一樓地面。
3. 讓 18L 鐵桶中的水慢慢流出。

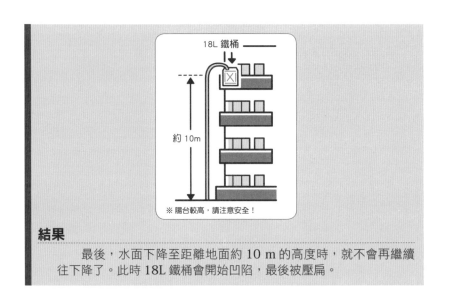

18L 鐵桶

約 10m

※ 陽台較高，請注意安全！

結果

　　最後，水面下降至距離地面約 10 m 的高度時，就不會再繼續往下降了。此時 18L 鐵桶會開始凹陷，最後被壓扁。

 實驗 8

保齡球的拉提實驗

　　有打過保齡球的人就會知道，保齡球其實非常沉重，但我們可以試著利用抽吸空氣的方法，讓保齡球飄浮在空氣中！

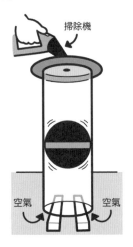

掃除機

空氣　　空氣

準備物品

　　吸塵器、直徑約 30 cm 的透明壓克力管 1 m、保齡球、支架（兩個）、蓋子（使用瓦楞紙版即可）。

實驗步驟

1. 先用瓦楞紙做一個蓋子，並且切開一個可以剛好將吸塵器吸頭插入的圓孔。
2. 將壓克力管放置在支架上。

3. 在保齡球周圍纏繞封箱膠帶，纏到保齡球的直徑幾乎與壓克力管內徑相同即可。纏繞時保齡球會滾動，所以請注意在附近留下足夠的空間。
4. 把保齡球放入壓克力管中，從上方蓋好蓋子並裝設好吸塵器。
5. 如果一開始在尚未組裝實驗器裝置的狀態下拿起保齡球，請問吸塵器是否可以吸起保齡球呢？
6. 請大家思考一下，當開啟吸塵器、保齡球浮起，保齡球上下側所承受到的壓力差距會有多少？

結果

　　將保齡球放入壓克力管中，蓋上蓋子後打開吸塵器，保齡球就會被往上吸。這時，空氣會從壓克力管的底部進入，因此務必要先在下方放置支架等可以架高讓空氣流通的物品。如果沒有支架，大氣就無法將保齡球從下往上推。

▐▐▌ 從上述這個實驗我們可以知道：

　　我們平常就生活在大氣中，因此無法察覺到大氣其實會在我們身上施加相當強大的力量，但是透過這些實驗，可以讓我們實際感受到大氣所給予的強大力量。

MEMO

8 馬德堡半球 ～一六五四年讓人類知道真空的強大力量！～

奧托・馮・格里克
（Otto von Guericke，一六〇二～一六八六年）

？ 奧托・馮・格里克是誰？

　　奧托・馮・格里克（以下簡稱格里克）為德國的科學家、發明家及政治家，因為進行真空研究而頗負盛名。格里克出生於德國馬德堡貴族之家，他於一六四六～一六七六年擔任德國馬德堡市長，致力推動因三十年戰爭──馬格德堡戰役而陷入崩壞狀態的馬德堡復興運動。

▉ 在馬德堡半球出現之前

　　格里克身處於一個眾人依循著亞里斯多德「大自然厭惡真空」的觀念，因而無法做出真空狀態的時代，他在眾人普遍認同「真空厭惡說」的時代下進行了真空特性的相關研究。

　　十五世紀時，歐洲就已經有抽水幫浦，到了十七世紀，幫浦設計更加進化，已經可以做到幾近真空的狀態。

　　根據一六三五年左右的測量資料顯示，當時的抽水幫浦僅能提起十八碼（約為 9 ～ 10 m）左右的水，對於灌溉以及礦山的排水仍有一些限制，托斯卡納大公國於是委託伽利略解決這個問題。在伽利略還在苦尋解答的時候，羅馬的加斯帕羅 · 貝爾蒂（GasparoBerti）就於一六三九年利用水的氣壓計裝置，得知水柱會呈現真空狀態，但當時的貝爾蒂還不知道什麼叫做真空。一六四三年，托里切利根據伽利略的記述，製作出使用水銀的氣壓計，他認為水銀柱上方的空間應該為真空狀態。

　　後來，到了一六五四年，格里克發明了世界第一個真空幫浦，並且進行了知名的馬德堡半球（德語：MagdeburgerHalbkugeln）實驗。

▉ 什麼是馬德堡半球？

　　馬德堡半球是十七世紀時格里克為了了解大氣壓而在德國馬德堡所進行的一項實驗。他將兩個直徑為 51cm 的銅製半球狀容器組合在一起，並且用真空幫浦排出內部空氣，在兩個半球上分別綁了八頭馬，想將球從兩側拉開，結果完全無法分開兩個半球。

　　格里克進行該項實驗時是公開進行的。第一次是一六五四年五月八日位於雷根斯堡的帝國國會大廈，在神聖的羅馬皇帝斐迪南德三世面前進行。該實驗證明笛卡兒否定的真空真實存在。格里克不僅證明了真空會吸附物體，同時證明了周邊的流體也會對該物體施加壓力。

　　「**馬德堡半球**」的名稱由來其實是因為當時格里克正是馬德堡的市長。

Let's 重現！～實際做個實驗確認看看吧～

領域 物理　**Level** ☆

1　用一張橡膠片把桌子提起來

準備物品

桌子、橡膠片（厚 3 mm 左右，25 cm × 25 cm 左右）、把手（類似鍋蓋上的那種）、墊圈。

實驗步驟

1. 在橡膠片的正中央黏上一個像是鍋蓋上那種把手，此時也必須在橡膠片內側放入墊圈。
2. 將把手朝上，讓橡膠片與桌子上方平面處緊密貼合。
3. 將橡膠片上的把手向上提時，桌子也會跟著一起向上。

結果

當周圍的大氣壓力比桌子來得重，只要提起橡膠片，就能順利將桌子向上提。

領域 物理　**Level** ☆

2　黏在一起的紙牌

準備物品

塑膠製的撲克牌（兩張）、附雙面膠的整線器（兩個）。

實驗步驟

1. 在一張撲克牌的背面黏貼一個整線器，總共需要兩組。
2. 將一張已黏貼好整線器的撲克牌，用像是要黏在桌上的感覺平放在表面平坦的桌面上，再輕輕往上拉。
3. 接著，將兩張黏有整線器的撲克牌，以有數字那一面彼此貼合，再輕輕抓住整線器向外拉扯。

結果

根據實驗的第「2.」步驟，我們會發現撲克牌很難與桌面分離。而根據實驗的第「3.」步驟則可以知道撲克牌這樣會很難拉扯開來。

原理

氣壓通常都會在大氣中運作，當將兩張撲克牌互相貼合按壓在一起，兩張撲克牌間的空氣會被擠壓出去，原本在外側的大氣壓就會乘隙鑽進來。

實驗 3

領域 物理　Level ☆☆☆

用泡麵碗製作的馬德堡半球

準備物品

泡麵碗（兩個）、透明資料夾（一張）、吸管（兩根）、金屬文件夾（一個）、保麗龍膠、透明膠帶。

製作步驟

1. 沿著泡麵碗邊緣，用透明資料夾剪出長度可以繞碗一周、寬度約 2 cm 的側翼，並用接著劑將其黏貼在碗的邊緣，總共需完成兩組。
2. 在其中一個泡麵碗容器底部戳出一個小洞，再用接著劑或是透明膠帶將吸管黏在該處。
3. 另一個泡麵碗則不戳洞，直接用接著劑或是透明膠帶將吸管黏貼在該處。

實驗步驟

1. 將兩個容器按壓在一起，用吸管吸出中間的空氣。
2. 折彎已吸出那側的吸管、用文件夾夾起，避免空氣再次進入。
3. 用手輕輕抽拉吸管的部分。

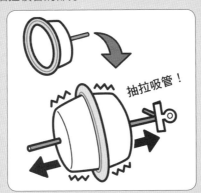

抽拉吸管！

結果

　　兩個容器會黏得相當緊，即使稍微用力拉也不太容易拉開，但是只要拿掉夾子讓空氣進入球形容器後，就能輕鬆分開。

解說

　　釋放泡麵碗容器內側的空氣壓力後，外側施加至容器的力量就會變大，這時將需要稍微再大一點的力量才能夠將它們分開。

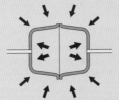

內側壓力比外側壓力來得小

▓ 從上述這個實驗我們可以知道：

平常無法感受到的大氣壓的確存在，透過這個實驗就可以實際感受到大氣壓的力量有多大。

----

9 帕斯卡原理

布萊茲・帕斯卡
（Blaise Pascal，一六二三～一六六二年）

? **布萊茲・帕斯卡是誰？**

　　布萊茲・帕斯卡（以下簡稱帕斯卡）為一六二三年出生於
法國的哲學家、自然哲學家、物理學家、思想家、數學家、基
督教神學家、發明家、實業家，是一名少年得志的天才，卻在
三十幾歲就辭世。他在《思想錄》（*Pensee*）中記述：「人類
只是一根會思想的葦草」，意思是人類在自然界中的存在脆弱
得有如一根葦草，然而卻因為擁有思考的能力而偉大。除此之
外，他還因為「帕斯卡三角形」「帕斯卡原理」「帕斯卡定
律」等享有盛名，法國也曾在五百法郎紙鈔上印有帕斯卡的肖
像。天氣預報中所使用的氣壓單位──hecto pascal（HPA）就是
來自於帕斯卡之名，最早提出「準確率」的人也是帕斯卡。

在帕斯卡原理出現之前

　　空氣擁有質量，而地球上有質量的物體都會被地球的重力所吸引，包含大氣，因此才會有大氣壓的產生。曾在伽利略身邊工作的托里切利讓人們能夠用肉眼觀測到大氣壓的狀態。他在長度約 1 m 的玻璃管內灌滿水銀後，將玻璃管倒放在盛滿水銀的容器，發現玻璃管內的水銀會開始下降，最後停留在水銀液面高度約 76 cm 處（一六四四年）。為什麼會發生這樣的狀況呢？這是因為玻璃管內的水銀柱重量與壓迫水銀液面的大氣壓（空氣重量）達到平衡。帕斯卡參考這些結果後表示，不論玻璃管的粗細或是形狀如何改變，即使玻璃管傾斜，管中的水銀柱也會維持在一定的高度。

什麼是帕斯卡原理？

　　如前所述，帕斯卡認為，不論玻璃管的粗細或是形狀如何改變，即使玻璃管傾斜，管中的水銀柱都會維持在一定的高度。這件事情可能會令聽到的人感到不可思議，然而事實上，達到平衡的是施加在一定面積上的壓力。這就是所謂的「**帕斯卡原理**」。

　　也就是說，「帕斯卡原理」認為，在一定的容器內裝滿液體，對某個面施加壓力時，假設沒有重力影響，內部的每一個部分都會受到均等的壓力。

　　這個部分可以試著用連通管實驗來思考。如圖，在 U 字型水管內注水並蓋上蓋子，接著在另一側的水面向下施加壓力 P，另一側水面也會被施加同等的壓力 P。

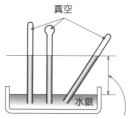

不論玻璃管形狀、不論傾斜與否，水銀都會維持在一定的高度

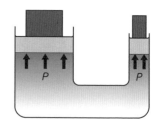

　　藉由均等的壓力，如：油壓千斤頂等裝置即可以微小力量提起重物。

▐ Let's 重現！～實際做個實驗確認看看吧～

實驗 1　連通管

　　連通管是指以彎管連結二個或二個以上的容器底部，使液體得以自由流通的容器或是 U 字管。

準備物品

　　2 L 以上的寶特瓶與 500 mL 寶特瓶、大注射器與小注射器、熱熔膠條、保麗龍板（厚 2 cm 左右）、砝碼。

實驗步驟

1. 如圖，將 2L 寶特瓶與 500 mL 寶特瓶以塑膠管連接，注水後，用保麗龍板整個覆蓋在兩邊的水面上方。
2. 先在面積較小的地方放上砝碼，並且確認面積較大那側可以盛放多少個砝碼。
3. 用塑膠管連接大、小注射器，如果是跟孩童一起，將大的注射器交給孩子，小的注射器則由大人拿著，試著交互擠壓注射器。

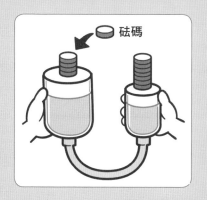

砝碼

結果

　　比起面積較小者，面積較大者可以負載更多的砝碼。比較擠壓大型注射器與小型注射器後會發現，注射器較大者擠壓起來較輕鬆。

用垃圾袋作出一個可以把人抬起的坐墊

這是一個親手製作巨大連通管的實驗。

準備物品

約 90 L 大小的垃圾袋、吸管、透明的寬版膠帶。

實驗步驟

1. 在約 90 L 大小的垃圾袋開口處插上一根吸管，用透明的寬版膠帶確實封起袋口，避免空氣洩漏。
2. 從吸管向袋內吹氣，並讓人乘坐在該垃圾袋上方。如果覺得坐起來不太穩，可以先放一條類似浴室止滑墊的墊子在垃圾袋上再坐。

吹氣

結果

垃圾袋膨脹後，就能夠輕鬆把人抬起來。

解說

　　使用較細的吸管更能夠透過實驗實際感受到帕斯卡原理。很多人會覺得這個實驗恐怕很難把人真正抬起，或許會想改用較粗的水管管子等。然而，假設可以將人抬起的垃圾袋內壓力為 P，吸管剖面面積為 S_1，塑膠軟管剖面面積為 S_2（$> S_1$）時，用吸管吹氣的力量 F_1 會等於 $F_1 = PS_1$，用塑膠管吹氣的力量 F_2 則會是 $F_2 = PS_2$，可得知 $F_1 < F_2$。也就是說，若管子變粗，必須得用更強的的力量吹氣才行。由於吸管的剖面面積較小，只需要用舌頭抵住吸管的孔洞，垃圾袋中的空氣就不會洩漏，輕輕鬆鬆就可以把人抬起來。

虹吸實驗

虹吸是指藉由管子等將高處的水移動至低處的裝置。

準備物品

玻璃杯兩個、水管、果汁。

實驗步驟

1. 在玻璃杯內倒入果汁，先用水管吸起果汁後壓住孔洞，再把水管放入另一個空玻璃杯中，然後放開水管孔洞。

結果

　　果汁會從液面較高的杯子透過水管流向液面較低的杯中。當兩杯的液面高度相同，果汁就會停止流動，水管內也會充滿著果汁。

說明

　　杯子液面與水管出口有高低落差，所以會造成壓力差，因此果汁會往液面較低的方向流動，直到果汁流光或是兩邊液面等高才會停止。

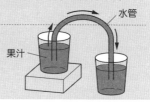

實驗 **④**

領域 物理　Level ☆☆

浮沉子實驗

　　浮沉子是依據「帕斯卡原理」做成的一種玩具，藉由按壓容器的方式，讓容器內的東西浮起或下沉。

準備物品

寶特瓶（500 mL 等）、小魚造型的醬油分裝瓶、不鏽鋼墊圈、杯子、注射器（2 mL）、接著劑。

實驗步驟

1. 在小魚造型的醬油分裝瓶腹部處用接著劑黏貼一個已經先對半彎折的不鏽鋼墊圈。

2. 在小魚造型的醬油分裝瓶中裝水，並且使其水平漂浮在杯子內，
   調整背鰭讓它稍微露出水面，再蓋上蓋子，這樣一個浮沉子就完
   成了。
3. 將寶特瓶內裝滿水後，放入浮沉子，並確實蓋上瓶蓋。

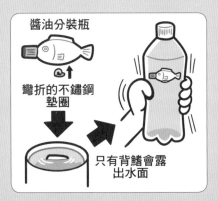

4. 另外，在 2 mL 的注射器中吸入約 0.5 mL 左右的空氣，並封住注
   射器的前端，這樣也能當作一個浮沉子，可以試著實驗看看。

結果

　　用手捏住寶特瓶瓶身，再將浮沉子（小魚造型或是注射器型皆
可）放入瓶內。當施加在寶特瓶瓶身的力量趨緩，浮沉子就會再度
浮起。

理由

　　用力擠壓寶特瓶時，寶特瓶內的水壓會變大。根據「帕斯卡原理」，浮沉子會因為加壓而受到來自四面八方的相同壓力，使得浮沈子的體積變小，浮力也會跟著變小，這時浮沉子便會下沉。當施加在寶特瓶上的壓力解放後，施加在浮沉子上的壓力會隨之減少，體積也會恢復至原有的大小，使得浮力變大，因此，放開後，浮沉子就會再度上升。

▣ 從上述這個實驗我們可以知道：

　　人們利用了「帕斯卡原理」開發出各式各樣的裝置，像是日本兼六園（金澤）的石樋「伏越之理」以及通潤橋等都可以當作這個原理的範例，這些範例都運用了「帕斯卡原理」的**倒虹吸**。

MEMO

10 虎克定律

羅伯特・虎克
（Robert Hooke，一六三五～一七〇三年）

? 羅伯特・虎克是誰？

　　羅伯特・虎克（以下簡稱虎克）是一名英國的自然哲學家、建築家、博物學家，同時也是倫敦皇家自然知識促進學會的創始會員。他藉由實驗與理論在科學革命裡扮演著重要的角色，而後在擔任羅伯特・波以耳實驗室研究助理的機緣下，獲得機會成為了英國皇家學會的實驗負責人，而後也擔任學會秘書。

　　在得知荷蘭的雷文霍克發明了單式顯微鏡後，他也著手改良顯微鏡，用以觀察礦物、植物以及昆蟲，並彙整出版成《顯微圖譜》（*Micrographia*，一六六五年）一書，透過用顯微鏡觀察木栓，提出「細胞（Cell）」一詞。對於倫敦市的測量、建築事業相當有貢獻，晚年卻因為與牛頓的爭論而鬱鬱不得志。

▉ 在虎克定律出現之前

希臘時代，柏拉圖認為物質是因為具有「推動力」才會造成運動。而亞里斯多德在其著作《自然學》一書中，將因物質本性所引起的自然運動與物質受到外來強制作用力的運動做出區分。

文藝復興（Renaissance）時期，十四世紀的讓‧布里丹認為物體本身具有的衝力（impetus），可以用來說明物體的運動現象，也就是所謂的「衝力說（theory of impetus）」。西蒙‧斯蒂文（一五四八～一六二○年）於一五八六年針對力的合成與分解出版了個人著作《流體靜力學原理》(De BeghinselenDer Weeghconst)，書中思考了關於斜面的問題：不論面對的是哪一種斜面，為了確保斜面頂部的力量平衡，都必須符合力的平行四邊形定律。在當時，伽利略也是這麼認為的。

之後，法國數學家暨天文學家菲利普‧德‧拉西爾（Philippe de La Hire，一六四○～一七一八年）提出可以藉由向量來表示力量。笛卡兒則提倡「渦漩理論（theory of vortices）」，他認為「一個空間內，會迅速地被一些肉眼無法看見的物體所充滿，而這些物體移動時會產生渦漩」，物體會隨著乙太（Ether）渦漩而動作，之後，虎克成功測量出了這些力量的大小。一六七六年，虎克利用易位構詞（anagram）的字謎遊戲發表了「虎克定律（Hookes law）‧力學彈性理論」。

▉ 什麼是虎克定律？

在彈簧上吊掛砝碼，測量吊掛的砝碼個數與彈簧伸長情形，我們就可以得知吊掛的砝碼重量──也就是拉扯彈簧的力量 F 會與彈簧延伸的長度 x 成正比。這就是所謂的「虎克定律」（一六六○年由虎克所發現）。

當 F 與 x 的比例係數為 k，藉由「虎克定律」公式可寫成 $F = kx$，k 為彈性係數或是彈簧常數。在 MKS 單位制下，單位為 N/m。

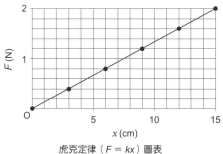

虎克定律（$F = kx$）圖表

運用虎克定律的成果開發出了「螺旋帶狀金屬扭力彈簧（發條彈簧）」。使用這種彈簧可以做出精準度較高的攜帶型時鐘。

◇ 虎克的側臉

羅伯特・虎克發現對彈簧作用的力量與彈簧被延伸拉長的長度成正比，雖然是將這個發現稱作「虎克定律」，但虎克其實在科學上還有更多知名的發現。比方說，他曾經用左下圖的顯微鏡觀察木栓，發現木栓上有許多像是小房間的組織，如右下圖，於是將其命名為「細胞（cell）」，並寫下《顯微鏡圖譜》一書。

虎克的顯微鏡
（《顯微鏡圖譜》中的版畫）

虎克所描繪出的木栓細胞構造

▐ Let's 重現！～實際做個實驗確認看看吧～

領域 物理　**Level** ☆☆

製作一個彈簧秤吧！

準備物品

喝珍珠奶茶用的粗吸管或是壓克力管（直徑 1 cm 左右，長度 20 cm 左右）、螺旋型彈簧、稍微有點粗度的金屬棒（因為要做成鉤子，需要可以彎曲）、軟金屬線（用來吊掛彈簧的不鏽鋼線之類的）、寬度 2 cm 左右的寶特瓶側面塑膠片（可以捲在粗吸管上作為補強）、透明膠帶。

實驗步驟

1. 用從寶特瓶側面切割下來的塑膠片包裹粗吸管上方做補強，並以透明膠帶之類的固定起來，避免吸管因為垂掛彈簧而彎曲。如果是用壓克力管，就不用特別補強。

2. 在粗吸管內吊掛可以延伸拉長的彈簧。彈簧如果是用寶特瓶塑膠片補強，垂掛彈簧時必須要用軟金屬線掛上彈簧後穿過補強的部分再固定，如果是用不鏽鋼的金屬線，只要確定不讓彈簧秤偏離 0 點的位置即可。

3. 為了方便在彈簧下方吊掛砝碼，必須在下方製作一個金屬吊鉤。在該金屬上劃記刻度會比較方便讀取。

4. 為了方便在粗吸管上劃記刻度，可以先在吸管表面黏貼透明膠帶，然後將刻度劃記在透明膠帶上。這樣一來，就算刻度畫錯，只需要重新更換透明膠帶即可。

5. 在還沒吊掛砝碼時，將原點設為 0 點。先吊掛一個已確認重量的砝碼（比方說：0.5 N 或是 1 N 等），然後劃記刻度。寫上單位 N 與重量單位 g，總共兩種單位。這樣就完成了。

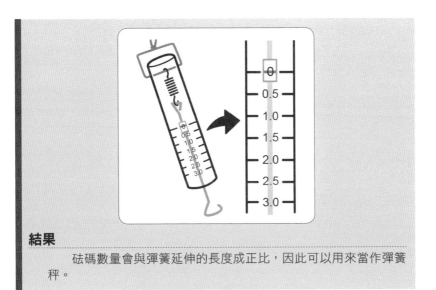

結果

    砝碼數量會與彈簧延伸的長度成正比，因此可以用來當作彈簧秤。

實驗 ②

製作一個可以按壓的彈簧秤吧！

    實驗①所製作的彈簧秤可以用來測量重物的重量，也就是可以用來測量作用於物體重力大小的「吊秤」。接下來，就讓我們製作一個可利用互相推擠的方式來測量力量的彈簧秤吧！

準備物品

    實驗①所製作的彈簧秤、免洗筷、珍珠板（厚度不拘）、接著劑。

實驗步驟

1. 將珍珠板切割成正方形，並在上方畫出一個手掌輪廓。
2. 將免洗筷垂直黏貼在珍珠板的正中央。

3. 用剪刀等工具剪開免洗筷前端，黏貼在彈簧秤的金屬棒上。這樣一來，一組「按壓彈簧秤」就完成了。

4. 將兩個手掌圖案貼合在一起，再將其中一個「按壓彈簧秤」推向另一邊，另一個「按壓彈簧秤」也要往另一邊推，然後比較兩個彈簧秤上的刻度。

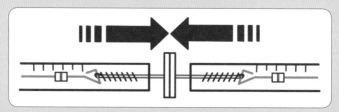

結果

按壓與被按壓的刻度數字都會一樣。

解說

　　在這種情況下，當兩個物體其中之一推向另一個物體，該推力稱為「作用力」。這時，按壓其中一個彈簧秤並施加壓力給另一個彈簧秤時，自己也會接收到力量。收到的力量稱為「反作用力」。

　　當物體彼此施加力量，作用力會與反作用力同時存在。作用力和反作用力會在同一條直線上，方向相反但是力量相等。這就是所謂的「作用力與反作用力定律」。

🔳 從上述這個實驗我們可以知道：

　　彈簧伸長量會與被施加的力量成正比，因此可以作為測量力量大小的測量儀器。

運動定律

艾薩克・牛頓
（Sir Isaac Newton，一六四二～一七二七年）

? 艾薩克・牛頓是誰？

　　艾薩克・牛頓（以下簡稱牛頓）在一六四二年的聖誕節出生於英格蘭的伍爾索普（Woolsthorpe-by-Colsterworth）。他是一名自然哲學家，同時也是數學家、物理學家、天文學家和神學家。

　　一六六五年，牛頓發現了「萬有引力」「二項式定理」，之後又發展出微分以及微積分學，然而當時倫敦鼠疫大流行，連劍橋大學都宣布暫時封校。一六六五～一六六六年間，牛頓回到故鄉──伍爾索普，在那段期間，他投入了「流率法（Method Fluxions）」的研究，接著進行「微積分學」「稜鏡分光實驗（光學）」，以及「萬有引力」等發想。當時他年僅二十五歲，卻在這十八個月的假期中完成了「牛頓的三大定律」。

在運動定律出現之前

從希臘時期開始，人們有很長一段時間都在研究作用於靜止物體的力量，被稱作「靜力學」。早在牛頓之前，西蒙‧斯蒂文（Simon Stevin）、愛德姆‧馬略特（Edme Mariotte）、伽利略、克卜勒等人已經發展出物體的運動體系，稱作「動力學」，而後被確立為「牛頓運動定律」。

伽利略早已發現在一定速度下運動之物體，只要不受到外力作用，就會持續進行等速度直線運動，而後牛頓將這種慣性定律稱作「第一運動定律」，藉此彙整了所有的運動定律。

什麼是牛頓運動定律？

牛頓的運動定律係由第一運動定律（慣性定律）、第二運動定律（運動定律）、第三運動定律（作用與反作用運動定律）三大運動定律所構成。

第一運動定律（慣性定律）是指任何物體只要沒有受到來自外部的力量，「靜止的物體會持續處於靜止狀態」「運動中的物體會持續進行等速度直線運動」，這個部分先前伽利略已經提出過了，所以在此，我們會試著用更簡單易懂的方式來說明。

如果想要輕鬆了解「靜止的物體會持續處於靜止狀態」的現象，首推「不倒翁福槌遊戲」。用槌子敲打不倒翁的身體部分，被敲打的那一塊就會飛出，其他部分則會停留在原位、維持靜止的狀態。飛出那一塊上方的其他部分則會因為重力作用，不會傾倒而直接落下。

接著，如果想要輕鬆了解「運動中的物體會持續進行等速直線運動」的現象，那麼可以觀察電車或是公車緊急煞車時的情形。電車準備停下來時，車內的人卻會繼續與

電車以相同速度進行直線運動，因此腳雖然會跟著電車一起停下來，身體和頭部卻會持續進行直線運動。這種想要靜止，卻持續運動的現象就稱作「慣性定律」。

第二運動定律（運動定律）是物體加速度 a 與施加的力量 F 成正比，與質量 m 成反比，結果公式可以寫成 $F = ma$。第三運動定律（作用與反作用定律）是指物體互相作用、施加力量時，會在同一直線上彼此以方向相反、大小相同的力量作用。

■ Let's 重現！～實際做個實驗確認看看吧～

領域 物理　　Level ☆

① 第二運動定律之運動定律實驗

$F = ma$ 是一個很容易背起來的簡單公式，但是想要導出這個公式卻必須付出相當大的努力。讓我們試著實驗看看吧！

準備物品

力學台車一台、砝碼 A（54 g）、砝碼 B（50 g）、砝碼 C（250 g）、智慧型手機等加速度感測器、滑行用板子（或是使用平整、沒有凹凸情形的桌面）、滑車。

實驗步驟

1. 如表所示，m_1 是在力學台車上擺放智慧型手機與四個砝碼 B 的總質量，在力學台車上綁線，並且穿過滑車吊掛砝碼 A。
2. 放開力學台車，用智慧型手機測量加速度。記錄下結果並製作成紀錄表。
3. m_2 是在力學台車上擺放智慧型手機與四個砝碼 B、一個砝碼 C 的總質量，在力學台車上綁線，並穿過滑車吊掛砝碼 A。
4. 放開力學台車，用智慧型手機測量加速度。記錄下結果並製作成紀錄表。
5. m_3 是在力學台車上擺放智慧型手機與四個砝碼 B、兩個砝碼 C 的總質量，在力學台車上綁線，並且穿過滑車吊掛砝碼 A。
6. 放開力學台車，用智慧型手機測量加速度。記錄下結果並製作成紀錄表。
7. m_4、m_5 也以上述方法反覆測量。

總質量 m (kg) \ 拉力 F (N)	$F_1 = 0.53$	$F_2 = 1.02$	$F_3 = 1.51$	$F_4 = 2.00$	$F_5 = 2.49$
$m_1 = 1.51$					
$m_2 = 1.76$					
$m_3 = 2.01$					
$m_4 = 2.26$					
$m_5 = 2.51$					

結果

m (kg) \ F (N)	0.53	1.02	1.51	2.00	2.49
1.51	0.29	0.57	0.88	1.18	1.59
1.76	0.25	0.56	0.78	1.13	1.33
2.01	0.21	0.44	0.63	0.93	1.14
2.26	0.20	0.41	0.59	0.82	1.04
2.51	0.18	0.34	0.55	0.78	0.92

　　最後我們可以得到上述實驗結果。接下來，讓我們試著來分析這些數據。

　　究竟是要先從 $F-a$ 的關係性還是先從 $m-a$ 的關係性開始進行數據分析呢？其實想要從哪一種開始都可以，我們就先從 $F-a$ 的關係性來分析吧！

　　總質量為 m_5 時，$F-a$ 會是一個成正比的圖形，比例常數為 k_5 時，寫作 $F = k_5 a$。

　　同樣地我們也可以將其他總質量製作成 $F-a$ 的圖形。比例常數 k 為 $F-a$ 圖表的斜率，也可以將各個圖表的斜率製作成表格。

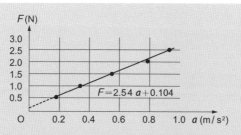

m（kg）	$k\ (= F/a)$
1.51	1.52
1.76	1.79
2.01	2.08
2.26	2.34
2.51	2.54

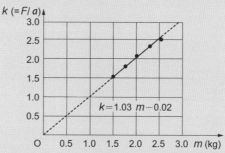

　　$m_1 \sim m_5$ 分別對應 $k_1 \sim k_5$，可以求得他們彼此的關聯性。因為 $k = F/a$，所以縱軸為 k，橫軸為 m 時，$k - m$ 的圖表成正比，這時的比例常數為 K 時，$k = Km$，因此 $k = F/a = Km$，可表示為 $F = Kma$。從圖表取得斜率，因為 $K = 1.03$，所以用來表示 F、m、a 關係的實驗算式可寫為 $F = 1.03ma$。

　　然而，在沒有空氣阻力、摩擦力的影響，也沒有讀取誤差的情況下，$K = 1$，可以寫成 $F = ma$。這個公式即是用來表示「第二運動定律（運動定律）」的關係式。此外，我們也將 $ma = F$ 稱作「運動方程式」。

▌▐ 從上述這個實驗我們可以知道：

　　力量作用於物體時，會在力量方向產生加速度，該加速度 a 會和外力大小 F 成正比，和物體質量 m 成反比。此外，我們將讓質量 1 kg 的物體產生 1 m/s² 加速度的力量，定義為 1 N（牛頓）。國際單位制 SI，則使用 MKS 作為絕對單位。

MEMO

萬有引力 ～「自然哲學的數學原理」一六八七年～

艾薩克・牛頓
（Sir Isaac Newton，一六四二～一七二七年）

❓ 艾薩克・牛頓是誰？

　　關於牛頓，曾有「他在庭院中看到蘋果樹上掉下一顆蘋果，於是發現了萬有引力定律」這樣的軼事紀錄。一六八六年五月，虎克主張萬有引力的平方反比關係其實是他發現的時候，牛頓便揭露了一些他在虎克之前的其他研究結果，主張自己曾以數學算式計算出萬有引力的平方反比關係，在當時引發相當大的爭論。據說牛頓為了證明自己的主張正確，出版了《自然哲學的數學原理》（一六八七年）一書。此外，牛頓也在所謂的奇蹟之年（Annus Mirabilis，一六六六年左右）於其故鄉發明了微積分的方法，這部分也與萊布尼茲（Gottfried Wilhelm Leibniz）引發了誰先誰後的發明爭奪戰。

🔳 在萬有引力定律出現之前

德國天文學家克卜勒與伽利略幾乎身處於同一個世代，他們以肉眼觀測數據，因而對「地動說」深信不疑。克卜勒在圖賓根大學得知尼古拉・哥白尼的「地動說」後成為其支持擁戴者，之後則在奧地利的格拉茨擔任數學教授，開始進行行星軌道研究。他在探究太陽會對行星施加何種力量時，認為距離越遠，力量越弱。之後，克卜勒成為優異的天文觀測家——第谷・布拉赫（Tycho Brahe）的研究助理。布拉赫根據火星運動的觀測數據，認為克勞狄烏斯・托勒密的「天動說」並不完整。布拉赫認為行星運動相關正確觀測資料非常珍貴，因此克卜勒在布拉赫死後（一六〇一年）仍運用這些資料持續進行行星運動相關研究，而後發現「克卜勒三大定律」。其第一定律與第二定律發表於《新天文學》（一六〇九年），第三定律則發表於《世界的和諧》（一六一九年）。

第一定律表示，「每一顆行星都會沿著各自的橢圓形軌道環繞著太陽，而太陽則處在橢圓形上的其中一個焦點」，認為行星軌道並非完全是正圓形。

第二定律又稱作「等面積定律」。「在相等時間內，太陽和運動中行星連線所掃過的面積都是相等的」，意思是行星會在接近太陽時快速運動。

第三定律認為，「對於繞行太陽的所有行星，其與太陽距離 r 的三次方，和行星公轉週期 T 的二次方成正比。」（T^2/kr^3）。

克卜勒進行了前所未見的行星軌道運動精密研究，並且在一六二七年時完成懸宕已久的「行星運行表」（魯道夫星曆表），然而當時並無法說明這些定律為何成立。

牛頓認為，像是「慣性定律」等將力量作用於物體且進行運動的三大定律也可以套用在天體運行上，因此與「克卜勒三大定律」結合後提出「萬有引力定律」。這個理論在愛德蒙・哈雷的大力支持下，於一六八七年出版了**《自然哲學的數學原理》**（*Philosophiæ Naturalis Principia Mathematica*，簡稱《原理》），建立了統一宇宙天體的理論。

⯐ 什麼是萬有引力？

牛頓試著找到一個方法可以統一說明繞著太陽公轉的地球運動與木星的衛星運動，之後發現「克卜勒三大定律」可以適用於運動方程式，因而發現並確認「萬有引力定律」成立。

行星運動被視為一種圓周運動，這時我們可以將對行星作用的向心力設為 F（太陽對行星的引力），物體質量設為 M 以及 m，物體間的距離設為 r，公式可寫為：

$$F = mr\omega^2 = mr\left(\frac{2\pi}{T}\right)^2 = 4\pi^2 \frac{mr}{T^2}$$

代入克卜勒的第三定律 $T^2 = kr^3$ 時：

$$F = 4\pi^2 \frac{mr}{kr^3} = \frac{4\pi^2}{k} \frac{m}{r^2}$$

因此，$\frac{4\pi^2}{k} = c$ 時：

$$F = c\frac{m}{r^2}$$

太陽拉住行星的力量 F 與行星的質量成正比，與距離的平方成反比。然而，當太陽以力量 F 拉住行星，太陽也受到與行星相同大小的反作用力 F。也就是說，F 等同於太陽與行星互相拉扯的力量。因此 F 與行星質量 m 成正比時，F 同樣會與太陽質量 M_0 成正比。

$$F = c'\frac{M_0}{r^2}$$

也就是說，因為 $cm = c'M_0$，c 與 c 的最大公約數為 G 時：

$$c = GM_0 \quad c' = Gm$$

因此，可以表示為：

$$F = G\frac{mM_0}{r^2}$$

牛頓認為，這種質量與距離相關的引力可作用於任意兩個物體之間。將兩個物體的質量設為 m_1、m_2，兩個物體間的距離為 r 時，引力大小為：

$$F = G\frac{m_1 m_2}{r^2} \qquad G = 6.67 \times 10^{-11} \ \mathrm{Nm^2/kg^2}$$

這稱為**萬有引力定律**。G 為萬有引力常數。

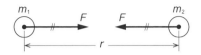

▉Let's 重現！～實際做個實驗確認看看吧～

實驗
①
超簡單 !! 重力場模擬實驗器

準備物品

碗（直徑約 18 cm）、氣球（可充氣至直徑 30 cm 左右）、封箱膠帶、油性簽字筆、尺、彈珠、棒子（在鉛筆前端黏上彈力球所組成）。

製作步驟

1. 讓氣球充氣後再放氣，之後切除氣球的邊緣。
2. 只要充氣過後，就可以輕鬆地將氣球鋪在碗上。
3. 把氣球在碗上拉緊，用封箱膠帶固定。
4. 以間隔 2 cm 的距離在氣球上畫出方格。

實驗步驟

1. 把彈力球按壓在氣球薄膜中央處，讓彈珠轉動，並觀察其運動情形。
2. 將被按壓在氣球中央處的彈力球當作太陽，並且將轉動的彈珠當作行星。
3. 確認彈珠會如何以彈力球為中心轉動。

結果

彈珠朝切線方向轉動時，會描繪出一個圓形軌道。

　　如果仔細觀察，會發現當一開始推動方向不是沿著切線方向時，彈珠會形成一個橢圓形軌道，像是將彈珠從中心向外推出時，其實不會描繪出圓形，而是會像慧星般呈現橢圓形的軌道。這也才是一般天體最常見的軌道形狀，而不是圓形喔！

實驗 2

巨大重力場模擬實驗器

準備物品

塑膠水桶（容量 45 L 以上，直徑 55 cm 以上）、大型氣球（可充氣至直徑約 1m）、封箱膠帶、油性簽字筆、尺、球（彈珠或鐵球等，各種尺寸或質量皆可）、棒子（為了做出天體運行的感覺，會在前端黏接一顆彈力球）。

製作步驟

1. 將巨大氣球充氣放氣後，切除邊緣，將氣球平鋪在水桶開口上，再用封箱膠帶固定。
2. 以間隔 3 cm 的距離畫出方格。

實驗

1. 可以在眾人面前進行表演實驗。將彈力球壓住氣球膜中央，再讓各式各樣的球體在氣球膜上方轉動，並且觀察各種球體的運動情形。這時，將彈力球當作太陽，並且將在上方轉動的其他各種球體視為行星。除了壓住彈力球，也可以從內側將氣球薄膜拉緊。
2. 觀察彈珠或是鐵球等質量不同球體轉動狀態的差異。

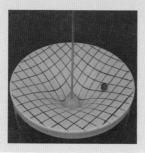
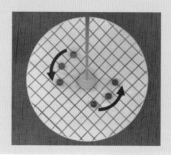

結果

> 僅在彈珠朝切線方向轉動時，會描繪出圓形軌道。

藉由巨大重力場模擬器進行等面積實驗

準備物品

由實驗②製作出的巨大重力場模擬實驗器、具有連拍功能的相機。

實驗步驟

1. 用棒子壓住氣球薄膜，在此狀態下讓球體轉動，並且開啟相機連拍功能。

結果

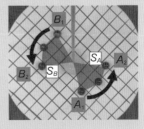

根據連續拍攝下來的照片，從 A_1 到 A_2 的經過時間與從 B_1 到 B_2 的經過時間相同。

扇型 S_A 為4.97格，S_B 為4.94格，面積可以說幾乎相等，我們即可確認其符合等面積定律。

此外，由於一個方格等於 9cm^2，因此 $S_A = 44.7\ \text{cm}^2$，$S_B = 44.5\ \text{cm}^2$。

即可藉此確認克卜勒的「第一定律」「第二定律」，亦可使用理科年表（Chronological Scientific Tables）中的行星常數表來確認克卜勒的「第三定律」。

行星	軌道半徑 r 的三次方 （天文單位^3）	公轉周期 T 的平方 （年^2）
水星	0.0580	0.0580
金星	0.3784	0.3785
地球	1.0000	1.0001
火星	3.5375	3.5377
木星	140.8190	140.7118
土星	872.3252	867.7620
天王星	7089.2564	7059.7469
海王星	27299.1783	27150.4711

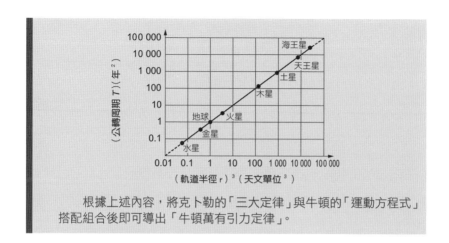

根據上述內容，將克卜勒的「三大定律」與牛頓的「運動方程式」搭配組合後即可導出「牛頓萬有引力定律」。

▊▊ 從上述這個實驗我們可以知道：

所有物體間都會互相吸引，力量大小會與互相吸引的物體質量乘積成正比，並且與兩物距離的平方成反比，可以藉此認識「**萬有引力定律**」。

MEMO

白努利定律

丹尼爾・白努利
（Daniel Bernoulli，一七〇〇～一七八二年）

？ ### 丹尼爾・白努利是誰？

　　丹尼爾・白努利（以下簡稱丹尼爾）為一名瑞士數學家、物理學家。丹尼爾家中有三兄弟，他排行老二。哥哥尼古拉二世、弟弟約翰二世也皆為數學家、物理學家，可以說一家全是數學・物理學家。丹尼爾在白努利家族中最有才能，他十三歲上大學，十五歲時取得學士學位，十六歲取得碩士學位。一七二五年獲得俄羅斯聖彼得堡科學院科學數學的博士後研究資格，進行懸鏈線（Catenary）、弦振動問題、經濟理論之概率應用等相關研究。此外，他結合牛頓理論與萊布尼茲的微積分法，活用運動方程式的能量積分（能量守恆定律），對海洋、船舶相關流體力學有著重大的貢獻。

■ 在白努利定律出現之前

　　丹尼爾・白努利於一七三八年提出了「**白努利定律**（Bernoullisprinciple）」，這是一種用來描述流體速度、壓力與外力位能（Potential Energy）關係的方程式，相當於力學的「能量守恆定律」。藉由該定律，可以輕鬆說明流體的流動狀態。直至一七五二年李昂哈德・尤拉（Leonhard Euler）才從運動方程式完全推導出白努利定律。

■ 什麼是白努利定律？

　　根據部分流體剖面圖，我們可以求得周圍流體作用於該部位的功。左右各個面都有作用力與反作用力在作用著。我們將作用於左側 S_1 的力當作 F_1，將在 Δt 之間移動的距離視為 L_1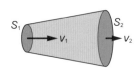
$= v_1 \Delta t$，將壓力當作 P_1，將作用於右側 S_2 的力當作 F_2，將在 Δt 之間移動的距離當作 $L_2 = v_2 \Delta t$，壓力為 P_2 時，該部分的作功 W 為：

$W = P_1 S_1 v_1 \Delta t - P_2 S_2 v_2 \Delta t = P_1 S_1 v_1 dt - P_2 S_2 v_2 dt$
試著求得在這之間的動能與重力對位能造成的變化。

　　首先，動能是，$E_{ki} = \dfrac{1}{2} m v_i^2 = \dfrac{1}{2} (\rho v_i S_i dt) v_i^2$

　　因此兩端的動能差為：$\dfrac{1}{2} (\rho v_2 S_2 dt) v_2^2 - \dfrac{1}{2} (\rho v_1 S_1 dt) v_1^2$

　　接著，因重力而產生的位能差是 $E_{pi} = mgh_i = \rho v_i S_i dt g h_i$，因此兩端的位能差為 $\rho v_2 S_2 dt g h_2 - \rho v_1 S_1 dt g h_1$。根據上述內容，求得（該部分的功）＝（增加的動能）＋（增加的位能），應為：

$$\dfrac{1}{2} (\rho v_2 S_2 dt) v_2^2 - \dfrac{1}{2} (\rho v_1 S_1 dt) v_1^2 + \rho v_2 S_2 dt g h_2 - \rho v_1 S_1 dt g h_1$$

$$= P_1 S_1 v_1 dt - P_2 S_2 v_2 dt$$

$$\dfrac{1}{2} (\rho v_1 S_1 dt) v_1^2 + \rho v_1 S_1 dt g h_1 + P_1 S_1 v_1 dt$$

$$= \dfrac{1}{2} (\rho v_2 S_2 dt) v_2^2 + \rho v_2 S_2 dt g h_2 + P_2 S_2 v_2 dt = 一定$$

即可導出：

$$\frac{1}{2}(\rho v S dt)v^2 + \rho v S dt g h + P S v dt = 定值$$

$$\therefore \frac{1}{2}\rho v^2 + \rho g h + P = 定值$$

就是所謂的**白努利定律**。

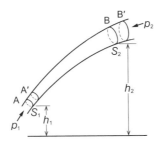

▓ Let's 重現！～實際做個實驗確認看看吧～

領域 物理　　Level ☆

讓所有東西都飄起來吧！

準備物品

乒乓球、可彎吸管、透明資料夾、剪刀、透明膠帶。

製作步驟

1. 為了讓透明資料夾捲成漏斗狀，先剪出直徑約 8 cm 的圓形，再從圓心剪開一條縫，之後組合成漏斗形。
2. 將漏斗的尖端切出一個口，將可彎吸管較短的一端插入該孔洞，再用透明膠帶固定。

實驗步驟

1. 將漏斗部分朝上並吐氣，試著讓乒乓球平穩地維持在漏斗上方。
2. 將漏斗部分朝下並吐氣，試著讓乒乓球維持在漏斗下方。

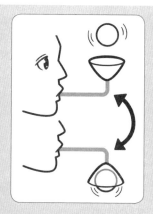

結果

乒乓球會一直停留在該位置。

解說

　　根據「白努利定律」，當周圍的空氣接近球體，空氣的流速會加快。由於氣流會把球體往外側推，因此為了讓球能夠停留在某處，就必須讓球滯留在流動的空氣之中。使用鼓風機時，甚至可以讓網球或是寶特瓶浮起。

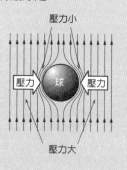

壓力小

壓力　球　壓力

壓力大

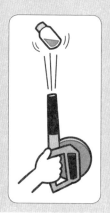

機翼實驗

準備物品

有色珍珠板、A4 印表紙、竹籤、吸管、剪刀、透明膠帶、膠水。

製作步驟

1. 將有色珍珠板剪出側邊用的機翼形狀，再用膠水黏貼在 A4 印表紙兩側。

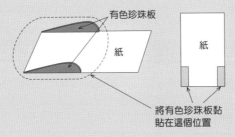

有色珍珠板

紙

紙

將有色珍珠板黏貼在這個位置

2. 將 A4 印表紙捲起，做出一個圈。用剪刀剪掉多餘的部分，再用透明膠帶黏貼固定。

剪去多餘的部分

用膠帶黏貼固定

3. 用透明膠帶將已剪成 3cm 左右長度的吸管黏貼在機翼側邊。用有色珍珠板製作成基座，決定好竹籤戳洞的位置後，可以先在吸管下緣做記號。

4. 在孔洞上插入兩根竹籤，安裝好機翼。為了避免機翼脫離竹籤，可以在竹籤上用透明膠帶等固定住。這樣就完成了！

實驗步驟

1. 用扇子從前方扇風，或是用鼓風機、電風扇等方式送風，也可以試著等待自然風吹。

結果

機翼浮起。

解說

機翼上方的空氣流動速度快，壓力減少後就會對機翼產生升力。

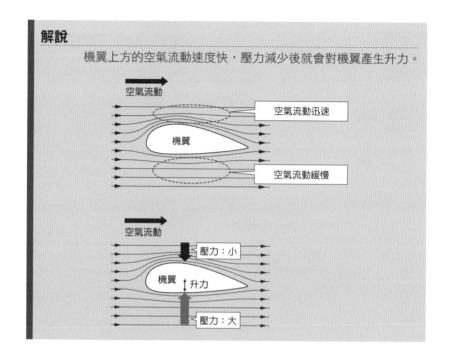

▚ 從上述這個實驗我們可以知道：

 如同穿梭在大樓之間的風，當風吹入較狹窄的空間，會加速空氣流動。現在我們就知道可以藉由「**白努利定律**」來說明這種現象。

※審訂註：這個實驗已經確認不是因為白努利定律，而是由另外一個康達效應造成的，可參考臺灣《物理雙月刊》的文章：白努力定理的誤解與錯誤應用（http://reurl.cc/6D42DM）。

14 風箏引電實驗

班傑明・富蘭克林
[Benjamin Franklin，格里曆一七〇六（儒略曆一七〇五年）～一七九〇年]

？ 班傑明・富蘭克林是誰？

　　班傑明・富蘭克林（以下簡稱富蘭克林）出生於美國波士頓的米爾克街（Milk Street）。為美國政治家、外交官、論述家、物理學家、氣象學家。他與湯瑪斯・傑佛遜（Thomas Jefferson）共同為美國獨立做出了重大的貢獻。

　　他使用風箏進行實驗，證明了閃電是一種放電現象。其肖像被印刷在目前流通的一百美元紙鈔上，除此之外，一九六三年以前，五十美分硬幣上也是使用他的肖像。他是一名象徵勤勉、強烈探究心、合理主義、積極參與社會活動的十八世紀近代人物。一七九〇年四月十七日於費城辭世，享年八十四歲。葬禮儀式以國葬規格處理。

📑 在風箏引電實驗出現之前

　　檢視富蘭克林的人生歷程，可以得知他獨力完成許多項科學研究，並且留下許多豐功偉業。在風箏引電實驗出現之前，用以闡明電力真實面貌的歷史不斷重複。他在得知萊頓瓶（Leyden jar）的實驗後，對電力產生了興趣，並以此為契機，於一七五二年進行風箏引電實驗。

📑 什麼是引電實驗？

　　一七五二年，富蘭克林進行了知名的風箏引電實驗。當時他設計出一個可以將電線連接到風箏線末端的萊頓瓶，並且利用它在閃電暴風雨中施放風箏，以證明雷雲帶有電力。這項極其危險的研究結果最終獲得認可，使他成為倫敦皇家學會的一員。

　　他擁有多項研究實例，包括避雷針、富蘭克林爐、雙焦點眼鏡以及玻璃琴等。但是，他沒有取得這些發明的專利，而是將其貢獻給社會。

📑 Let's 重現！～實際做個實驗確認看看吧～

　　閃電是因為雲層中冰晶等互相摩擦而使蓄積的靜電出現放電現象。由於地球暖化，閃電發生的次數越來越頻繁，因此防災教育將變得日益重要。

實驗①	模擬雷擊實驗	領域 物理・地球科學	Level ☆☆

準備物品

黑色厚紙板或是黑色墊子（亦可準備塑膠板或是透明資料夾等）、鋁箔膠帶、壓電素子（材料）、縫針（或是自動筆芯）導線。

製作步驟

1. 將黑色厚紙板或是墊子等切割成明信片大小，把其當作是會產生雷電的空間。用寬度約 1 cm 的鋁箔膠帶黏貼在黑色底紙下方，當作地面。

2. 接著，用鋁箔膠帶做出街道的感覺，配置兩棟建築物、汽車或是樹木等。汽車必須做出窗戶，將輪胎浮貼在地面上。這是為了觀察汽車內部的遮蔽阻擋效果，用來考慮作為發生雷電時的安全性材料。

3. 取出電子點火器的壓電素子（材料），將其與導線連接，將導線的一端黏貼在地面的鋁箔膠帶上。在其中一棟建築物上用縫針當作避雷針，雷雲則黏貼在空中。

實驗步驟

1. 用壓電素子（材料）產生電氣火花，模擬閃電落雷的狀態。

結果

　　在會產生閃電的空間上方按下壓電素子（材料）開關，這時如果沒有設置避雷針，閃電可能會落在建築物、汽車、樹木等各個地方，然而如果設有避雷針，閃電則幾乎都會落在避雷針的位置。此外，我們也能得知，即使雷打落在汽車上，也不會進入窗戶內，而是會形成車身接地（body earth）的狀態，同時也可以確認輪胎與地面的縫隙之間會有電氣火花飛濺。

解說

　　事實上，尖銳的頂端最容易收集雷電以及放電，從尖銳的頂端放電這件事被稱作「尖端放電（point discharge）」。將避雷針設置在建築物上，或是把范德格拉夫起電機的集電板弄成鋸齒狀，就可以利用尖端放電，並輕鬆將電荷儲存在帶電球中。

我們知道，雷電容易落在如建築物或樹木等較高的位置，尤其是有設置避雷針的時候，雷電會直接落在避雷針上。因此雷雨天時，站在校園或是廣場等周圍沒有較高大遮蔽物的地方最是危險，且像是棒球或是高爾夫等比賽都會有球棒或是球桿等金屬製品，因此一旦聽到雷鳴，就必須立刻暫停比賽。

實驗 ②　　　　　　　　　　**領域** 物理・地球科學　　**Level** ☆☆

進入法拉第籠吧！

準備物品

金屬網（100 cm × 1200 cm 左右，可隨著設計自由改變形狀）、不鏽鋼棒（Φ6 mm，180 cm 左右）、范德格拉夫起電機、雨傘、絕緣板、避雷針用的金屬棒（30 cm 左右）、導線、包裝用鐵絲。

製作步驟

1. 製作出一個可以讓人進出的金屬籠。利用金屬網，圍出一個直徑 120 cm、高度 180 cm 左右的圓筒。利用不鏽鋼棒等物體進行補強。
2. 在上方放置一個僅有傘架的雨傘，在雨傘上也黏貼金屬網。
3. 在金屬網圓筒的某處設置出入口。在雨傘尖端設置避雷針。
4. 在籠子內鋪上絕緣板，讓人員進入籠子。
5. 用導線連接范德格拉夫起電機的帶電球與放電棒。

實驗步驟

1. 啟動范德格拉夫起電機，使其帶電。
2. 將帶電的東西，藉由避雷針放電。
3. 在籠子內部與外部皆放置金箔驗電器，比較兩邊的差異。

解說

因為法拉第籠的遮蔽阻擋效果，可以確認電場不會從外部進入籠子。當然，進入籠子內的人也會平安無事。

讓我們從防災教育的角度來檢視下圖的安全性。

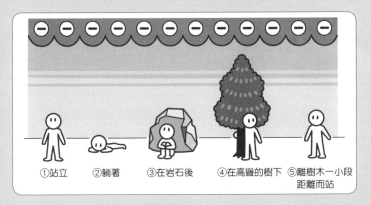

①站立　②躺著　③在岩石後　④在高聳的樹下　⑤離樹木一小段距離而站

首先，①最危險。④是因為雷容易落在樹上，因此必須注意可能會遭受到雷擊。②是當雷落至地面，電流會灌注到地面，因此也相當危險。從上述情境來看，③或⑤相對較為安全，但是也並非絕對安全。重點是必須檢視並且挑選出相對較為安全的場所。

📠 從上述這個實驗我們可以知道：

　　閃電就是一種靜電，此外，閃電落在避雷針上亦具有遮蔽阻擋的防禦效果。我們也能發現在出現雷鳴時，進入汽車內部會是比較安全的做法。

15 金箔驗電器

亞伯拉罕・班納特
（Abraham Bennet，一七四九～一七九九年）

? 亞伯拉罕・班納特是誰？

　　亞伯拉罕・班納特（以下簡稱班納特）為一名英國發明家、物理學家、數學家、氣球愛好家。班納特並未有上過大學的紀錄，但是卻有他在文法學校（Grammar School）擔任老師的紀錄。

　　班納特對自然哲學相當感興趣，並且與伊拉斯謨斯・達爾文（Erasmus Darwin）相當要好。當時達爾文正在研究電與天候的關係，因此鼓勵班納特製作用來測量電量的工具。

在發明金箔驗電器之前

一七三〇年代，英國惠勒（Wheeler）使用兩條 30 cm 左右的麻繩，以間隔 1 cm 的方式垂吊麻繩，結果發現接近帶電體時，麻繩與麻繩之間會稍微分開。靜電感應的發現者則是英國的約翰‧坎通（Canton），他開發出一種在線前端綁上一顆木球的驗電器。一七五四年，坎通又將其發展為攜帶型的驗電器。

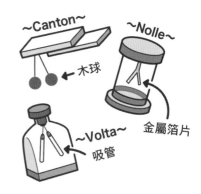

金箔驗電器最早是一七四七年由法國諾勒（Nolle）所發明，之後到了一七八六年才由英國的班納特發揚光大。

此外，伏打（Volta）於一七八七年開發出一種吸管驗電器，用以取代驗電器中的金箔，他使用纖細且乾燥的蘆葦管（吸管）開發出吸管驗電器。只需使用 5 cm 的蘆葦管，即可檢測出「電力強度」的數值。因為發明這項吸管驗電器對測量電力做出貢獻，伏打因而成為皇家學會的會員，並且獲獎。後來，伏打又將電容器盤（起電盤）與吸管式驗電器組合起來量測電池的電壓。

什麼是金箔驗電器？

金箔驗電器是一種用來檢測靜電的機器，基本結構是將兩張金屬箔片平行垂掛在金屬棒的前端，為了預防空氣流通造成的影響，也有將金屬箔片放入玻璃瓶中的裝置。帶電體接近驗電器的金屬板時，兩張金屬箔片會因為帶有同種電荷而張開，即可藉由有無帶電以及張開的角度來測量電量。金屬箔片一般會使用鋁以及錫。如果想讓驗電器的敏感度更佳，最好使用更輕薄的金屬箔片。提升金箔驗電器的結構設計等級，可以更精密測量其開合狀態的儀器稱作「電位器」，過去曾用於檢測大氣中的游離輻射（ionizing radiation）。

■ Let's 重現！～實際做個實驗確認看看吧～

冬天脫下毛衣時，會突然「啪！啪！」地出現火花，手碰到門把時也可能會產生靜電，讓人感到相當困擾。

話雖如此，其實不管是什麼東西都無法蓄積靜電。絕緣體容易儲存電，但是導體卻會導電，因此無法儲存靜電。

靜電是兩個絕緣體互相摩擦後，更加強烈吸附電子的那一側為負極，會將電子放開的那一側為正極。也就是說，基於物質彼此是互相摩擦的關係，容易發生的靜電程度也不同，我們可以藉由下方的「帶電列表」來表示。

← 容易帶正電　　　　　　　　　　**容易帶負電 →**

毛皮　玻璃　雲母石　羊毛　尼龍　絹　木棉　木材　皮膚　水晶　燧石玻璃　（衛生紙）紙　棉　硬膠　黃金　橡膠　聚丙烯（吸管）　硫磺　聚酯　聚丙烯酸酯　賽璐珞（celluloid）　玻璃紙　聚乙烯　聚氯乙烯（橡皮擦）

※ 物體帶正負電的狀況會因為各種條件而發生變化，材料不同往往會出現如上圖般不同的傾向。

實驗 ① 製作一個寶特瓶金箔驗電器吧！

領域 物理　　**Level** ☆

準備物品

寶特瓶、寶特瓶蓋、保麗龍盤、迴紋針（兩個）、鋁箔紙、雙面膠、錐子、訂書機。

製作步驟

1. 先將保麗龍盤的平坦部切成愛心狀或是造型人物等自己喜歡的形狀，再用鋁箔紙把盤子包裹起來。請小心，當前端的形狀尖銳，會因為尖端放電原理而開始放電，因此如果要製作星形，必須注意不要讓角度太過銳利。

2. 拉開一個迴紋針，保留內側捲繞處，僅拉開外側的針腳。
3. 將已拉開的迴紋針從已用錐子打好洞的寶特瓶蓋子與保麗龍盤下方穿過，再用訂書機固定好蓋子上方的保麗龍盤。
4. 將鋁箔紙從邊緣切掉 8 mm，再將其折成兩片，並以迴紋針夾起。此外要注意，如果鋁箔紙太皺會難以張開，所以拉開後要立刻製作，這樣就可以完成一個金箔驗電器的金屬箔片了。
5. 最後只要再將蓋子蓋在寶特瓶上就完成了。

實驗步驟

1. 一開始時處於驗電狀態（參照後方專欄內容）。
2. 研究看看處於驗電狀態的金箔驗電器在接近帶正電荷的物體時，以及接近帶負電荷物體時的差異。
3. 研究看看用塑膠橡皮擦摩擦吸管後，接近金屬時會發生什麼事情吧。

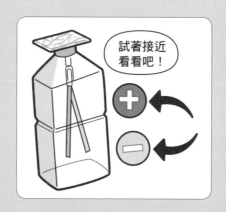

試著接近看看吧！

結果

　　根據實驗「2.」的結果，用衛生紙摩擦吸管，再讓吸管接近金屬板，原本在金屬箔片上帶電的正電荷會被吸引至金屬板，金屬箔片的開口會變小。也就是說，接近帶有負電荷的金屬板時，金屬箔片的開口會變小。

　　根據實驗「3.」的結果，負電荷會被吸引到吸管上。因此，從金屬箔片供給負電後，金屬箔片就會因為正電荷過剩，而使金屬箔片的開口變大。

▉ 從上述這個實驗我們知道：

　　利用金箔驗電器打造出「驗電狀態」時，就可以知道驗電體上帶有的電荷是正極還是負極。

（※ 審訂註：可參考「臺北酷課雲－靜電產生原理及驗電器」影片）

專欄

◇ 什麼是驗電狀態？

　　金箔驗電器的金屬箔片剛開始時是關閉的，這時金箔驗電器的電極是中性的。也就是說，正電量與負電量相等。此外，我們都知道用衛生紙摩擦聚氯乙烯塑膠管或是吸管時會帶負電。請試著根據以下程序，打造出一個「驗電狀態」吧！

① 接近帶有負電的聚氯乙烯塑膠管或吸管時，金箔驗電器內的正電會被吸附在聚氯乙烯塑膠管上，負電則會被退到金屬箔片上，因此金屬板會帶正電，金屬箔片則會帶負電。結果，金屬箔片上所攜帶的負電電荷就會開始反擊，使金屬箔片張開。

② 在接近聚氯乙烯塑膠管的狀態下，用手指觸碰金屬箔片，被聚氯乙烯塑膠管負電荷吸引的金屬板正電荷會因為無法動作而只能留在金屬板上，但是金屬箔片部分的負電荷卻會從指尖逃走（這種現象稱作接地（Earth）），因此金屬箔片會再度關閉。

③ 手指離開前端，一旦遠離聚氯乙烯塑膠管，被吸引到金屬板上的正電荷就會布滿整個金箔驗電器，使得金屬箔片充滿正電。因此，金屬箔片會再次張開處於「驗電狀態」。

問題　　剛開始時，金屬箔片的開口較小，但是將帶電物體接近金屬板時，金屬箔片就會大幅度張開。請說明這個現象。

解答

　　這是接近帶負電物體時所產生的現象。剛開始時，金屬箔片部分的正電荷會被吸引，因此金屬箔片的開口會變得比較小，但是一旦非常靠近帶負電的物體時，大量的正電荷就會被吸引，結果造成金屬箔片上累積大量的負電荷，金屬箔片因而會大幅度張開。

　　為了確認這個現象，實驗時必須慢慢接近帶電物體。

MEMO

16 查理定律

雅克・亞歷山大・塞薩爾・查理
(Jacques Alexandre César Charles, 一七四六～一八二三年)

? 雅克・亞歷山大・塞薩爾・查理是誰?

　　雅克・亞歷山大・塞薩爾・查理(以下簡稱查理)為一名法國發明家、物理學家、數學家及氣球愛好家。一七八三年十二月一日,他和羅伯特兄弟共同成功完成了世界第一個可載人飛行的氫氣球,但是孟格菲兄弟卻比他們早了十天,成功讓人員可以乘坐熱氣球飛行。查理的氣體氣球被稱作「Chaxrier」。

　　一七八九年,查理發現了加熱氣體時會膨脹的規則,到了一八〇二年,約瑟夫・路易・給呂薩克(Joseph Louis Gay-Lussac)將其公式化(像是「給呂薩克定律」等等),並且首次提出發表。查理於一七九三年被選為科學學會會員,沒多久後就成為法國國立工藝學院(Conservatoire national des arts et métiers)的物理學教授。

▟ 在發現查理定律之前

「波以耳定律（Boyles Law）」於一六六二年被發現，這個定律是由當時擔任波以耳研究助理的虎克在實驗室使用氣泵進行實驗時所發現的。查理（一七八七年）、給呂薩克（一八〇二年）某次從實驗室離開時，突然對天空上方的空氣感起興趣來，因而陸續發現許多能讓氫氣球或是熱氣球膨脹的方法。

許多學者都在研究溫度與空氣體積的關係，但是都無法與具有領先地位的「查理定律」競爭，不論是一七七七～一七七九年亨利・卡文迪許（Henry Cavendish）的實驗，或是一八〇一～一八〇二年約翰・道爾頓（John Dalton）的研究皆僅能追趕在後。值得一提的是，卡文迪許在一七七九～一七八〇年測量幾種氣體的熱膨脹係數後便得出了一些結論，然而因遭人嫌惡而聞名的奇人卡文迪許在生前並未發表此事，因此在歷史上，那些理論僅記載是由查理獨自發現。

▟ 什麼是查理定律？

一七八七年，查理發現，當溫度上升 1℃，受到一定壓力的氣體體積會增加 1/273.15。然而，這個定律當時並沒有立刻公開發表，而是在過了十五年後的一八〇二年才由給呂薩克經實驗証明後發表，因此又稱作「給呂薩克第二定律」。將體積設為 V，溫度設為 t 時，公式可寫成：

$$V = V_0 \left(1 + \frac{t}{273.15} \right)$$

V_0 為 0℃時的氣體體積。將溫度重新改寫為絕對溫度 T 時：

$$V = V_0 \frac{T}{273.15} = V_0 \frac{T}{T_0}$$

因此，公式可以變形為：

$$\frac{V}{T} = \frac{V_0}{T_0} = 定值$$

也就是說，**在壓力固定的條件下，氣體體積與絕對溫度呈正比**。可以得知絕對溫度為 0 K 時的體積 0。歷史上將體積為 0 的溫度定義為用

來當作絕對零度的絕對溫度。

　　「查理定律」是指，當氣體處於低壓且高溫狀態下，會是一種理想的氣體。相反地，在高壓且低溫時則無法忽視運作在氣體分子間的分子力量或是分子本身的尺寸影響，因而在計算數值上出現差異。根據「查理定律」，我們得知有絕對零度的存在。此外，也可以藉此提出理想的氣體溫度。

▛ Let's 重現！～實際做個實驗確認看看吧～

領域 物理・化學・地球科學　　**Level** ☆☆☆

來做一個利用太陽光就能浮起的熱氣球吧！

準備物品

90 L 的黑色聚丙烯（PP）塑膠袋（0.015 mm（15 μm）、90 cm×100 cm 的三個）或是高密度的聚乙烯薄膜、陀螺繩（10 m 左右）、透明膠帶（一般寬 12 mm 的尺寸即可，太寬的膠帶會讓成品會變得比較沉重，所以較不適合）。

製作步驟

1. 剪開兩個聚丙烯（PP）塑膠袋的側面與底部。

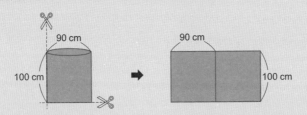

2. 另一個則從開口處往下剪掉 10 cm，並拉開兩側與底部。

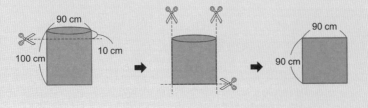

3. 如展開圖所示，用透明膠帶黏接，並將塑膠繩緊緊綁在熱氣球上。

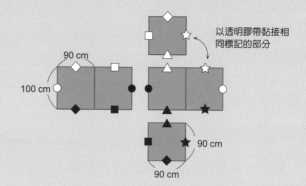

以透明膠帶黏接相同標記的部分

90 cm

100 cm

90 cm

90 cm

4. 就會成為一個 90 cm × 90 cm × 100 cm = 0.81 m³ 的正方體熱氣球。然而，實際膨脹後形狀會變得鼓脹，因此體積會變得更大。此外，整體質量約為 1 kg。

實驗步驟

1. 挑選一個風和日麗的日子，以繩子確實綁緊熱氣球的一端，繩子另一端則確實綁在地面上的樹枝等處。
2. 攤開面對太陽光的那一面，打開整個熱氣球。

結果

　　在日照良好的日子中，熱氣球會快速升空。必須注意，即使熱氣球上已綁妥繩子固定住，有時仍會被拉走而導致熱氣球破裂或是直接飛向空中。

解說

　　熱氣球的浮力 f 是熱氣球的氣球重量與氣球所排開的空氣重量差距，因此公式可寫成：$f = (\rho - \rho') Vg$。

　　熱氣球與乘坐者合計 200 kg 時，公式為 $(\rho - \rho') Vg > 200\,g$。當外部的氣溫為 10℃，壓力為 1 atm，10℃時的空氣密度為 1.25 kg / m³。

　　理想氣體狀態的方程式為 $PV = nRT$。其中莫耳數 n 可以寫作 $n = \dfrac{w}{M}$，其中 w 為氣體質量，M 為氣體分子量，因此可以寫成：$PM = \dfrac{w}{V} RT = \rho RT$

熱氣球僅可在大氣壓為 1 atm 之範圍高度內上升。熱氣球內部與外部壓力相等，所以溫度上升後的壓力 P 也會是固定的。此外，由於分子量 M 不變，所以左側也會維持恆定。

　　因此，由於 $\rho RT = \rho'RT'$，所以 $\rho T = \rho'T'$

然而，根據最初的公式可寫成：

$$\rho V = \rho'V + 200 = \frac{T}{T'}\rho V + 200$$

假設熱氣球的溫度為 70℃ = 343K 時，公式會變形為：

$$\left(1 - \frac{T}{T'}\right)\rho V = 200$$

因此，帶入數值後，就會變成：

$$\left(1 - \frac{283}{343}\right) \times 1.25 \times V = 200$$

$$V = 200 \times \frac{1}{1.25} \times \frac{343}{60} = 914$$

可以得知熱氣球要有將近 1000 m³ 的體積才能升空。

　　熱氣球之所以可以升空，是因為作用於熱氣球的浮力。根據「阿基米德浮體原理」，施加在熱氣球上方的空氣重量會變輕。熱氣球內溫暖的空氣重量會比熱氣球本身所擁有的重量來得大，浮力就會變大，因此熱氣球就會浮起。

專欄

◇ 世界第一顆有人乘坐並成功飛行的熱氣球

　　第一個有人員乘坐並成功飛行的熱氣球是出自法國的孟格菲兄弟（Joseph-Michel，Jacques-Étienne）之手。一七八三年六月五日，他們成功研發出無人飛行的熱氣球，並在同年九月十九日於凡爾賽宮的路易十六世與瑪麗·安東妮搭乘之前，先以動物試坐飛行成功。同年十一月二十一日，則從濱海布洛涅的森林中起飛。

■ 從上述這個實驗我們可以知道：

壓力達到一定時，氣體的體積會與絕對溫度成正比。
$V = kT$

17 伏打電池

亞歷山卓・朱塞佩・安東尼奧・阿納斯塔西奧・伏特伯爵
(Il Conte Alessandro Giuseppe Antonio Anastasio Volta，一七四五～一八二七年)

? ### 亞歷山卓・朱塞佩・安東尼奧・阿納斯塔西奧・伏特伯爵是誰？

亞歷山卓・朱塞佩・安東尼奧・阿納斯塔西奧・伏特伯爵（Antonio Anastazio Volta，以下簡稱伏特）是一名來自義大利北部的自然哲學家（物理學家）。他因發明電池（伏打電池）而聲名大噪。一七七四年，他研究電容，並且發現電位（V）和電荷（Q）是不同的東西，而且兩者之間的關係成正比。也因為伏特的關係，電位差的單位於一八一一年後定調為伏特。

伏特是班傑明・富蘭克林與拿破崙・波拿巴所崇拜的對象。拿破崙為了表達對伏特的敬意，於其擔任奧地利皇帝（一八一〇～一八一五年）時，將伏特封為伯爵（一八一〇年）。伏特於一八二七年去世。在導入歐元之前，義大利一萬里拉紙鈔上即印有伏特與伏打電池的圖像。

🔳 在發現伏打電池之前

世界上最古老的電池大約出現在兩千年前，也就是公元前二五〇年的「巴格達電池」。那是在伊拉克首都巴格達郊區的 Khujut Rabu 遺址發掘到的，亦被稱作「素燒陶壺電池」。據說當時並非用於發電，而是用於金銀等的電鍍工作。電壓約 1.5 ～ 2V，當時可能是使用醋或是葡萄酒作為電解液。

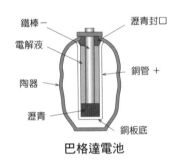

巴格達電池

一七八〇年，義大利生物學家路易吉・伽伐尼（Luigi Galvani）發現，當青蛙腿部神經接觸到兩種金屬，肌肉會發生痙攣抽搐的現象，故認為青蛙腿中會產生電流（一七九一年，伽伐尼在著作中稱其為「動物電」）。

伏打認為，青蛙腿只是一種電傳導體，也就是電解質，在通電後才會動作。因此，他將浸泡過食鹽水的紙代替青蛙腿，確定當該紙被兩種金屬夾住，電力也可以流動。因而發現由兩種金屬電極夾住電解質所構成的「伽伐尼電池（Galvanic Cell）」。電動勢（Electromotive Force）即是來自於兩種電極間的電極電位差。

伏打將鉛與銀以及浸泡過鹽水的紙組合在一起，發明出可產生一定電流的電池原型——**伏打電池**（voltaic pile），藉此推翻伽伐尼認為會有動物電蓄積於青蛙肌肉內的想法。

伏打電池

🔖 什麼是伏打電池原理？

　　伏打電池於一八○○年被發明，是一種電力為 0.76 V 的一次電池。正極使用銅板，負極使用鋅板，使用硫酸作為電解液。負極上的鋅比起硫酸中所含有的氫離子更容易出現金屬離子化現象，因此會失去電子而成為二價陽離子 Zn^{2+}。電子會通過外部導線流至正極的銅板，並與氫離子 $2H^+$ 反應成為氫 H_2。該氧化還原反應是一種發熱反應，亦可視為是將能量轉換為電能。

　　電池的公式可寫為：（－）$Zn|H_2SO_4（aq）|Cu$（＋）。

　　伏打電池的反應公式可寫為：

負極：$Zn \rightarrow Zn^{2+} + 2e^-$
正極：$2H^+ + 2e^- \rightarrow H_2$

　　進行伏打電池實驗時，電流開始流動時的電動勢為 1.1 V 左右，但是會立刻降至 0.76V。這是因為電流流動之後，銅板表面會立即氧化。這時的反應公式如下：

負極：$Zn \rightarrow Zn^{2+} + 2e^-$
正極：$CuO + 2H^+ + 2e^- \rightarrow Cu + H_2O$

　　當表面的氧化銅被消耗掉，就會產生最初的反應公式，回到原本 0.76 V 的電動勢。

▛ Let's 重現！～實際做個實驗確認看看吧～

總之就是水果電池！

準備物品

　　檸檬（可試用各種水果，但最好使用柑橘類）、鋁箔紙、鐵或不銹鋼製叉子（不能使用鋁製品）、蜂鳴器、LED 燈、導線、電力量測儀。

實驗步驟

1. 將水果切成可以讓叉子前端確實插入的大小，儘量讓剖面積大一些。
2. 將鋁箔紙裁剪成比水果稍微大一些的尺寸，並在上方淋上大量水果汁液。
3. 用叉子插起水果，並在叉子上方連接導線。
4. 將鋁箔紙連接另一條導線。這樣就做成了一組電池。
5. 連接電池與蜂鳴器。

結果

　　僅使用一組電池，蜂鳴器並不會響，必須連接三組左右，蜂鳴器才會響。LED 燈則要連接到四組左右才會亮起。

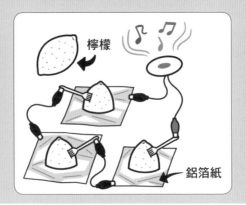

檸檬

鋁箔紙

實驗 ②

領域 物理・化學　　**Level** ☆

用鉛筆也能做電池？

準備物品

鉛筆（只有筆芯也可以）、衛生紙、食鹽水、鋁箔紙、導線、蜂鳴器等。

實驗步驟

1. 將鉛筆筆芯用充分浸泡過食鹽水的衛生紙包起，再用鋁箔紙在外包裹一層。這時的鋁箔紙要比衛生紙的尺寸小一些，注意不要讓鋁箔紙與鉛筆筆芯直接接觸。
2. 連接蜂鳴器。

結果

只有一隻鉛筆電池時，能量太弱，蜂鳴器不會響。但連接到大約兩隻鉛筆時，蜂鳴器就能夠發出聲響。

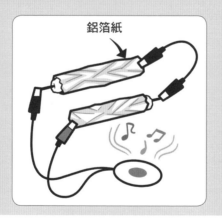

鋁箔紙

實驗 ③

領域 物理・化學　　**Level** ☆

用自動筆芯也能做出電池？

準備物品

自動鉛筆芯、衛生紙、食鹽水、鋁箔紙、導線、蜂鳴器等。

實驗步驟

1. 將自動筆芯用浸泡過食鹽水的衛生紙捲起，再用鋁箔紙包裹起來。
2. 連接蜂鳴器。

結果

若是順利，只需要兩組自動筆芯電池就能夠讓蜂鳴器響起。如果還是不會響，就再試著串聯四組左右。

湯匙或叉子也能做電池？

伏打認為，只要有兩種金屬以及電解液，什麼都可以變成電池。就讓我們試著實驗看，看利用湯匙、叉子、不鏽鋼碗等各種餐具，加上鋁箔紙、衛生紙、食鹽水是否可以簡單做出電池。

準備物品

不鏽鋼製的湯匙或叉子以及餐具、衛生紙、食鹽水、鋁箔紙、導線、蜂鳴器等。

實驗步驟

1. 在鋁箔紙上鋪一張衛生紙，淋上食鹽水，將其充分浸泡在食鹽水中。
2. 將不鏽鋼製的餐具，放在不會接觸到鋁箔紙的位置。
3. 連接蜂鳴器。

結果

如果一個餐具電池無法讓蜂鳴器發出聲響，就繼續連接兩個、三個，最後蜂鳴器一定會響。此外，也可以用不同種類的餐具電池進行這項實驗。

實 驗 ⑤

空氣電池！

　　正極使用碳棒，即可作出「空氣電池」。實驗重點在於將活性炭與竹炭等當作正極，將鋁箔紙當作負極即可。

準備物品

　　竹炭、鋁箔紙、蜂鳴器、導線、各種飲料或是食鹽水、小型容器。

實驗步驟

1. 將竹炭切割成棒狀。接著，再將鋁箔紙捲或摺疊成棒狀。
2. 在小型容器內倒入各種飲料或是食鹽水。
3. 將棒狀的竹炭與鋁箔紙放置在小型容器內並連接蜂鳴器。

結果

　　一般只需要一組這種類型的電池就能夠使蜂鳴器發出聲響。如果還是不會響，只要繼續串聯兩組、三組，蜂鳴器就會響了。通常不會響是因為使用的竹炭沒有充分炭化，這時只要運用下面會提到的「實驗⑥的應用」方法即可。

木炭　　鋁箔紙　　食鹽水或是飲料

自製木炭電池與竹炭電池！

準備物品

勺子、免洗筷、竹籤、竹筷、鋁箔紙、剪刀、卡式爐、衛生紙、食鹽、蜂鳴器等。

製作步驟

1. 將勺子、免洗筷、竹籤、竹筷幾種材料分別切割成想要製作出的電池長度。
2. 將這些物品用鋁箔紙以捲壽司的方式包裹兩層，並扭緊其中一側。
3. 將已用鋁箔紙包裹好的材料以卡式爐等熱源蒸烤。這時，將鋁箔紙的另一側打開呈魚尾狀，鋁箔紙打開的地方即使用手去觸碰也不會覺得熱。
4. 蒸烤完成後，打開鋁箔紙。如果將炭與備長炭互相敲打後可以發出鏗鏘的聲音，就表示已經蒸烤完成。如果還未完成，就再用鋁箔紙捆包回去重新蒸烤。這時的電阻約為 100 Ω。
5. 以衛生紙捲起蒸烤好的木炭或是竹炭，外側再捲一層鋁箔紙，這時必須注意，不要讓炭與鋁箔紙接觸後短路。

實驗步驟

1. 將蜂鳴器等與木炭電池或是竹炭電池連接，確認是否有聽到蜂鳴器響起的聲音。
2. 確認一下如果想要使 LED 燈亮起，該如何連接會比較恰當。

應用

只用鋁箔紙捲起，有時無法確實進行蒸烤，這時可以利用鋁罐或是鐵罐進行蒸烤。

1. 用開罐器等工具將類似裝咖啡那種鐵罐的其中一側打開，再將免洗筷或是竹筷等物品確實插入罐中。
2. 尋找一個可以確實從外部包裹住咖啡罐的鋁罐，再用開罐器開啟鋁罐的其中一側，將咖啡罐確實塞入鋁罐中。
3. 放在卡式爐上蒸烤。
4. 鋁罐會被蒸烤得很斑駁，但是鐵罐仍會維持原本的狀態，這時內部的木炭或是竹炭應該就蒸烤完成了。

　　確實蒸烤完成後，只需要一組這樣的電池即可使蜂鳴器響起。不過要使 LED 燈亮起，則必須串聯兩組電池。

從上述這個實驗我們可以知道：

　　只要有兩種金屬，再加上電解液，就可以做出一組化學電池。

MEMO

18 發現紅外線

弗里德里希・威廉・赫雪爾爵士
（Sir Frederick William Herschel, 一七三八～一八二二年）

❓ 弗里德里希・威廉・赫雪爾爵士是誰？

　　弗里德里希・威廉・赫雪爾爵士（以下簡稱赫雪爾）是一名出生於德國漢諾威的英國天文學家、音樂家、望遠鏡製作者，一七五五年移居至英國。赫雪爾會演奏小提琴、雙簧管、風琴等樂器，曾創作出二十四首以交響曲為首的協奏曲與教會音樂，亦曾擔任市民音樂會的指揮。

　　一七八一年三月十三日，他在位於英國巴斯NEW KING STREET19的自宅發現天王星，頓時成為知名人士。赫雪爾生涯總共製作超過四百台望遠鏡。一八二〇年協助設立倫敦天文學會。一八三〇年獲皇家封號，成為英國皇家天文學會會員。一八二二年八月二十五日辭世。

▉ 在發現紅外線之前

　　一八〇〇年，赫雪爾發現了紅外線放射現象。實驗方法是讓太陽光透過稜鏡，再將溫度計放置在超過可視光光學頻譜的紅色光位置，發現溫度計的溫度會上升。

　　他因此得到一個結論，紅色光的外側還有著肉眼看不見的光線存在。受到這個發現的刺激，隔年一八〇一年，德國約翰・威廉・里特（Johann Wilhelm Ritter）發現了紫外線。之後到了一八五〇年，義大利馬切多尼奧・梅洛尼（Macedonio Melloni）藉由實驗，確認紅外線具備反射、折射、偏光、干涉、繞射性質，與可視光相同。

▉ 什麼是紅外線？

　　人類肉眼可視的可視光線波長為 380 nm 到 760 ～ 830 nm 左右，超過此波長範圍的光線則無法被人類感知到。**紅外線**的波長比可視光線的紅色波長來得更長，也就是說頻率較低，因此是人類肉眼無法看見的光。紅外線的英語可用 infrared 表示，意思是「比紅色下一階」「比紅色低階」的意思，縮寫成 IR。從反義詞來看，還有「比紫色上一階」「比紫色高階」的紫外線（ultraviolet），是一種比「至高頻（Extremely high frequency）」電波波長來得短的電磁波。

　　紅外線可區分為**近紅外線、中紅外線、遠紅外線**。近紅外線是波長約為 0.7 ～ 2.5 μm 的電磁波，擁有接近紅色可視光的波長。由於性質上具有接近可視光的「不可視光」特性，可應用於紅外線照相機、紅外線通訊、家電用遙控器等。中紅外線為波長約 2.5 ～ 4 μm 的電磁波，波數範圍是 4000 ～ 2500 cm^{-1}，被稱為指紋區，因為可以呈現物質原有的吸收光學頻譜，因此可運用於化學物質鑑定。遠紅外線為波長約 4 ～ 1000 μm 的電磁波，接近電波性質。

　　物質會因應溫度而放射出具有光譜電磁波的黑體輻射。常溫物體一定會放射出紅外線。在室溫 20℃時，物體所放射出的紅外線最大波長約為 10 μm。紅外線也稱作「熱線」，會被大氣所吸收，僅有部分會抵達地面。

　　大氣窗（atmospheric window）是指光穿透率較好的波長區域。為了降低大氣所造成的影響，從人造衛星等地表觀測用感應器，或是

從地面上觀測的紅外線天文學等，通常都會使用這個波長區域。

▉ Let's 重現！～實際做個實驗確認看看吧～

觀察紅外線實驗

可視光線在世界上有六種顏色。日本一般會將其分為七種顏色。具體來說就是紅、橙、黃、綠、藍、靛、紫，目前省略了靛色，所以大多會稱作六色。紅外線位於紅色外側，是一種人類肉眼無法看到的光線。

但就算是肉眼看不到的紅外線也可以用特殊的方法觀察得到。

準備物品

　數位相機或是智慧型手機的相機功能、電視之類的遙控器。

實驗步驟

1. 按下遙控器的頻道選擇按鍵，試著用智慧型手機的相機功能或是數位相機進行錄影。

結果

　雖然無法用肉眼在傳送部位上看到任何東西，但是卻可以通過智慧型手機的相機功能或是數位相機，發現該部位正在發光。

解說

　智慧型手機的相機功能或是數位相機具有接收光線的感應器，並且會將光源當作一種能源接收後轉換成電能，因此接受到紅外線領域的光線時也會有反應。我們就可以透過智慧型手機的相機功能或是數位相機看到該部位正在發光。

使用紅外線燈的明暗實驗

我們之所以能夠看到物體的顏色，其中一個原因是看到了發光物體所產生的顏色，另一種則是看到物體時該物體所反射出的顏色。例

如白色光線遇到具有各種不同顏色的物體時，物體反射出紅色時看起來就是紅色，物體反射出藍色時看起來就是藍色，但是如果使用單色光源，如鈉燈（sodium lamp）時，就只能看出明暗。

舉例來說，假設紅色光源照在藍色物體上，人眼並不會看到藍色，而會看到因為反射較弱而比較暗的紅色。相反的，紅色光源照在會反射紅光的紅色物體上，就會看到比較明亮的紅色。

紅外線燈以往都是透明的。然而，在透明狀態下無法確認是否已經開燈，因而造成過多起燒燙傷意外，所以現在都會將紅外線燈改用肉眼可見的紅色。只要使用紅外線燈，即可以用低廉的成本做出單色世界（monochrome），並輕鬆進行觀察。

準備物品
紅外線燈、色紙或是有顏色的紀念碑、海報、電視或是電腦螢幕。

實驗步驟
1. 試著用肉眼，在白光底下觀察紅色、綠色、黃色、藍色等各種顏色。
2. 試著僅用紅外線燈觀察同一種顏色的色紙或是有顏色的紀念碑。
3. 試著用肉眼看電視或是電腦螢幕。
4. 試著僅用紅外線燈觀察同一個電視或是電腦螢幕。

結果
觀看反射的光線時，整體而言會出現以紅色為主的單色世界。本身會發光的電視或是電腦螢幕，則可看到原本的顏色。

解說
紅外線燈只會發出原本肉眼就看不到的紅外線，然而市售的紅外線燈亦包含紅色的波長。不過，因為是單色，所以會出現以紅色為主的單色世界。

▉ 從上述這個實驗我們可以知道：

紅色可視光線的外側有一種肉眼看不到的光線，也就是紅外線。

19 發現紫外線

約翰・威廉・里特
（Johann Wilhelm Ritter, 一七七六～一八一〇年）

❓ 約翰・威廉・里特是誰？

　　約翰・威廉・里特（以下簡稱里特）是一名德國物理學家，出生於現波蘭所屬的西利西亞。他曾經擔任過藥劑師，之後進入耶拿大學，開始對電氣實驗產生興趣，自一八〇四年起至三十三歲病逝前，都任職於慕尼黑巴伐利亞科學人文學院。他於一七九九年進行電解水相關研究，一八〇〇年進行電鍍研究，一八〇一年調查熱電現象，並在同年進行電流造成肌肉收縮之調查研究，一八〇二～一八〇三年之間進行乾電池組裝製造。受到一八〇〇年赫雪爾發現紅外線的刺激，他開始思考既然有可視光的存在，相反地，是否也會有不可視光的存在，於是在一八〇一年以電氣化學的方法發現了紫外線。於一八一〇年在貧困中辭世。

▉ 在發現紫外線之前

十七世紀時，牛頓發表利用稜鏡將可視光線區分為紅、橙、黃、綠、藍、靛、紫七種顏色的研究結果後，一八〇〇年，英國的威廉・赫雪爾發現了紅外線。承前啟後，德國里特開始逆向探索七種顏色的另一種光學頻譜，試圖尋找比紫光更短的波長。一八〇一年，里特在紙上塗抹一種會對光有反應的氯化銀，發現紫光外側還有一種肉眼看不到的光。之後到了一八九三年，德國的維克托・舒曼又發現了「真空紫外線」。

▉ 什麼是紫外線？

顧名思義，「紫外線」是位於可視光線——紫色外側，比紫色波長來得短且比 X 射線來得長的電磁波，波長為 10 ～ 400 nm 左右。其英文為 ultraviolet，可縮寫成 UV。相對於紅外線被稱作「熱線」，紫外線被稱作「化學線」。紫外線可消毒殺菌、促進合成維生素 D 以及生物體的血液循環及新陳代謝，亦可增進皮膚抵抗力等。

紫外線可區分為**近紫外線**（near UV）、**遠紫外線・真空紫外線**（far UV（FUV）・vacuum UV（VUV））與**極紫外線・極端紫外線**（extreme UV，EUV or XUV）。再者，近紫外線（波長為 200 ～ 380 nm）又可分為 UV-A（波長為 315 ～ 380 nm）、UV-B（波長為 280 ～ 315 nm）與 UV-C（波長為 200 ～ 280 nm）。

太陽光中雖然包含 UV-A、UV-B、UV-C 波長的紫外線，但是其中只有 UV-A、UV-B 會穿過臭氧層抵達地表，至於 UV-C 則因為容易被空氣吸收，因此無法通過大氣層。抵達地表的紫外線有 99% 都是 UV-A。

UV-A 來自太陽光線，約有 5.6% 會通過大氣層。人類年輕時細胞機能較有活性，隨著年紀增長，UV-A 則會影響皮膚老化，而 UV-B 會造成生成的麥拉寧色素氧化，使皮膚變成褐色。

UV-B 來自於太陽光線，約有 0.5% 會通過大氣層。色素細胞會藉由分泌麥拉寧產生防禦反應，因而造成曬黑現象，這時也會產生維生素 D。

UV-C 會被臭氧層擋住而無法抵達地面，但具有強力的殺菌作用。一旦鹵化烷物質破壞臭氧層後，UV-C 就會抵達地表而造成影響。

遠紫外線、真空紫外線（VUV，vacuum UV）會被氧氣分子或是氮氣分子吸收而無法抵達地表。順處於真空狀態才能前進，因此又被稱作真空紫外線。極端紫外線，也被稱作「極紫外線」。極端紫外線會因為物質的電子狀態遷移而被釋放出來，與 X 線的界線很模糊。

一九七〇年代後，極圈的臭氧層減少，特別是南極上空發生臭氧層破洞，使得南半球南部，尤其是澳洲與紐西蘭等地的紫外線量急劇增加。

臭氧層破洞是在一九八五年左右被發現，一九九〇年代後半開始急速擴大，之後到了一九八七年，國際間藉由《蒙特婁議定書》（*Montreal Protocol on Substances that Deplete the Ozone Layer*）限制各國生產及使用會破壞臭氧層的物質—氯氟烴，進而減緩了臭氧層的破壞速度。然而，已經擴大的臭氧層破洞規模並無法縮小，進入二〇一〇年代後，破洞規模依舊不小。此外，我們也沒有辦法減少紫外線量。

■ Let's 重現！～實際做個實驗確認看看吧～

實驗 **①**　　　**領域** 物理・化學・地球科學　**Level** ☆☆

可用紫外線燈發光的物質

準備物品

　　紫外線燈（在有販售螢光燈的店家即可購得，或是用在大創等平價商店販售的紫外線 LED 也可以），各種營養補充食品（含有維生素 B_2 者）、任意果汁、玻璃杯。

實驗步驟

　　1. 將各種營養補充食品或是果汁，試著倒入玻璃杯中，再用紫外線燈照射。

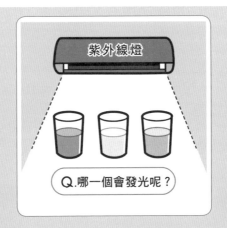

Q.哪一個會發光呢？

結果

　　僅有倒入維生素 B 的玻璃杯會散發出漂亮的螢光。然而，將維生素 B 放入褐色的寶特瓶後，即使照射紫外線燈也無法看出螢光（理由：飲料在褐色瓶中不會被光線照射到）。所以其實褐色的啤酒瓶、綠色酒瓶、日本酒瓶、藥瓶等都是基於這個相同的原因而特別上色。

解說

　　紫外線燈是一種螢光燈。開燈前，燈管是全黑的，因此又稱作黑燈管，開燈後就會散發出紫色的光以及紫外線。

　　將光的能量設為 E，普朗克常數設為 h，振動頻率設為 v，波長設為 λ，公式可寫成：

$$E = hv = h\frac{C}{\lambda}$$

　　也就是説，我們得知波長越短、振動數越高，就會具有更高的能量。可視光線從波長較長的開始，依序有紅、橙、黃、綠、藍、靛、紫七種顏色（去除靛色後也還有六色之多）。紫外線比紫色的波長來得短，能量也較高，因此比較危險。

　　殺菌燈就是以照射紫外線的方式殺菌。紫外線燈的設計已經截斷該區段波長的紫外線，雖然是安全的，但還是不能夠長時間持續以肉眼凝視該光源。

實驗 2

可用紫外線燈發光的實驗

準備物品
粉狀合成清潔劑、水、紫外線燈、刷子、雙面皆無印刷的空白扇子。

實驗步驟
1. 將粉狀合成清潔劑溶於水，並在無印刷的空白扇子上畫圖。

結果
用紫外線燈照射後，就會成為一幅現代風的顯影畫。

實驗 3

領域 物理・化學・地球科學　　Level ☆☆

螢光貼紙實驗

準備物品
厚紙板、紅色・綠色・藍色等各色螢光貼紙（接收到紫外線後就會發光，但是在白色光線下看起來是白色的）、紫外線燈。

製作步驟
1. 製作出一個星型十二面體，具體來說就是利用三個等腰三角形做出三角錐，再將底邊黏在一起，即可做出星型十二面體。
2. 在星型十二面體上黏貼紅色螢光貼紙、綠色螢光貼紙、藍色發光貼紙。

實驗步驟
1. 將貼妥螢光貼紙的星型十二面體照射紫外線燈。

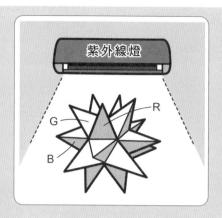

紫外線燈

G

R

B

結果

會分別顯現出 RGB 三原色。

解說

螢光燈所發出的顏色會取決於塗抹於螢光管內側、會發光的螢光發色劑塗料顏色，所以基於教育觀點來看，我們可以選擇會散發出 RGB 三原色的顏色。選擇與螢光貼紙相同類型的螢光劑，並且塗抹於螢光管內側，再讓紫外線照射在螢光劑上，RGB 三原色就會分別發光，將這些光經由加色混合，就可以做出各種顏色的螢光燈，不論是白色系的螢光燈還是燈泡色的螢光燈，甚至是粉紅色或是水藍色的螢光燈等都可以做得出來。

實驗
4

領域 物理・化學・地球科學　　**Level** ☆

UV 防護能力

準備物品

UV 感光變色產品（感光遮陽帽或是感光領巾、UV 感光變色珠等）、各種 UV 防曬乳液。

實驗步驟

1. 在 UV 感光變色產品的一小部分塗上各種 UV 防曬乳液。

2. 等待數分鐘後，使其曝曬在太陽光下。

結果

　　塗有 UV 防曬乳液的部分，不會因為紫外線而變色。其他未塗抹的部分則會因為接收到的紫外線量而變色。防曬乳 UV 防禦能力較差者，就算塗抹了也還是會受到紫外線影響而變色。所以極端一點來說，還可以藉此確認 UV 防曬乳液的防禦能力。

◇ UV 防曬乳液

　　我們可以根據這項實驗，確認UV防曬乳液的防禦能力。然而，塗抹在臉部等較敏感的位置時，不僅要考量防禦能力，對肌膚溫和與否也是重要的產品選擇條件。UV防曬乳液上會標示出可有效防禦UVB（紫外線B波）的「SPF等級（用～50＋來表示）」以及可有效防禦UVA（紫外線A波）的「PA等級（用4 個階段的「＋」標記來表示）」的不同等級狀況。

領域 物理・化學・生物　　**Level** ☆

實驗 ⑤ 藉由紫外線進行生物實驗

準備物品

　　紫外線燈、雌雄日本紋白蝶各一隻（臺灣冬季較常見。臺灣紋白蝶在紫外光下不會有明顯差異所以不適用）、春天會開的花卉等。

實驗步驟

1. 準備雄性與雌性的日本紋白蝶（區分方法：前翅黑色斑紋幅度較窄者為「雄性」，幅度較寬的則為「雌性」），用紫外線燈觀察翅膀的模樣。
2. 準備各種花卉，用紫外線燈觀察花卉。
3. 準備紫外線燈或是紫外線電擊殺蟲燈，並於晚上開啟。

實驗 **6**

領域 物理‧化學　　　Level ☆

尋找塗有紫外線顯色墨水的東西

準備物品

紫外線燈、千元大鈔、已用過的包裹、信用卡、護照。

實驗步驟

1. 在已用紫外線顯色墨水寫下文字或是圖案的物品上，照射紫外線燈。

結果

原本在可視光下看不見的隱藏文字或是圖案，只要照射到紫外線後就可以清晰地讀取內容。

📑 **從上述這個實驗我們可以知道：**

紫外線具有化學線效應。

20 楊氏雙狹縫干涉實驗

湯瑪士・楊格
（Thomas Young，一七七三～一八二九年）

? 湯瑪士・楊格是誰？

　　湯瑪士・楊格（以下簡稱楊格）為一名英國物理學家。
一七九二年於倫敦學醫，一七九六年取得醫學院學位，一八
○○年成為執業醫師。他於一七九四年獲選為皇家協會院士，
一八○一年成為皇家研究所自然學系教授，在醫學方面主要進
行散光以及色覺等相關研究（楊-亥姆霍茲理論；又稱三色視覺
理論）。此外，他還從視覺研究進展到光學研究，進行所謂的
「楊氏雙縫實驗」，主張「光波動說」。他也以「楊氏楊數
（Youngs modulus）」揚名於世，更是第一個使用「能源
（energy）」一詞的人。他於一七九九年探究如何將不協調音
降至最低的調音律法，並於隔年發表「楊氏音律（亦稱瓦洛替
音律，Vallotti temperament）」。他還曾試圖解讀羅塞塔石
碑（Rosetta Stone）等埃及的聖書體（hieroglyph）。

微粒說與波動說～在楊氏雙狹縫干涉實驗出現之前～

牛頓主張「光微粒說」，曾在演講以及《自然哲學的數學原理》（*Philosophiæ Naturalis Principia Mathematica*）、《光學》等著作中提及。他認為把光當作微粒即可簡單說明光本身具有的幾項特質，因此提出光的本質其實是一種微粒的概念，但是這個部分卻與惠更斯（Huygens）的「光波動說」對立。

惠更斯在《光論》（*Traité de la Lumiere*，一六九〇年）中論述光具有繞射等波動性質，並且彙整成「惠更斯原理（Huygens principle）」。惠更斯在該本著作中表示，光既然是一種波，就必須要有傳遞的媒介，他認為該媒介就是乙太（Ether）。之後，牛頓立即提出「光微粒說」，與之互相對立。一八〇五年左右，楊格進行與光線干涉相關的楊氏雙狹縫干涉實驗（Youngs double-slit experiment）。一八三五年左右，菲涅耳補充惠更斯的理論，得出「光是一種橫波」的結論。一八五〇年的傅科（Foucault）以及隔年一八五一年的斐索（H.L. Fizeau）分別經實驗確認，光線在大氣中的速度比在水中的速度來得快，藉此幾乎已經可以確立「光波動說」。

什麼是楊氏雙狹縫干涉實驗？

一八〇五年左右，楊格證明光源發出的光線會透過物體間的空隙而產生具有同調性（coherence）的光線，透過雙縫（double slit）映照在投影布幕時，則會出現干涉條紋。這項實驗證明了光具有波動性。

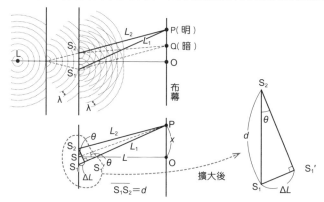

光程差 $S_1S_1' = \Delta L$ 可以用 $|S_1P - S_2P|$ 兩種光程（optical path）的相差值來表示。先讓 S_1P 與 S_2P 平行，S_1S_2 的垂直二等分線 OS 與 SP 所形成的角為 θ，讓垂線從 S_2 降至 S_1P，加起來為 S_1' 時，會變成 $S_1S_1' \perp S_2S_1'$，因此 $\Delta OPS \backsim \Delta S_1'S_1S_2$。

這樣一來，$\angle S_1S_2S_1' = \theta$。此外，由於 $S_1S_2 = d$ 所以：

$$\Delta L = |L_1 - L_2| = d \sin\theta \fallingdotseq d\theta \fallingdotseq d\tan\theta = d\frac{x}{L}$$

$$d\frac{x}{L} = \begin{cases} m\lambda & \cdots\cdots \text{明線} \\ & (m = 0, \pm1, \pm2, \cdots\cdots) \\ \left(m + \dfrac{1}{2}\right)\lambda & \cdots\cdots \text{暗線} \end{cases}$$

此外，ΔL 還可以用其他方法，也就是利用畢氏定理來求得答案。

$$L_1 = \sqrt{L^2 + \left(x + \frac{d}{2}\right)^2} = \left\{L^2 + \left(x + \frac{d}{2}\right)^2\right\}^{\frac{1}{2}} = L\left\{1 + \left(\frac{x + \frac{d}{2}}{L}\right)^2\right\}^{\frac{1}{2}}$$

$$L_2 = \sqrt{L^2 + \left(x - \frac{d}{2}\right)^2} = \left\{L^2 + \left(x - \frac{d}{2}\right)^2\right\}^{\frac{1}{2}} = L\left\{1 + \left(\frac{x - \frac{d}{2}}{L}\right)^2\right\}^{\frac{1}{2}}$$

因為 $d \ll L$，所以：

$$L_1 \fallingdotseq L\left\{1 + \frac{1}{2}\left(\frac{x + \frac{d}{2}}{L}\right)^2\right\}, \quad L_2 \fallingdotseq L\left\{1 + \frac{1}{2}\left(\frac{x - \frac{d}{2}}{L}\right)^2\right\}$$

因此，光程差為 $\Delta L = d\dfrac{x}{L}$。

與旁邊明線（暗線）的間隔 Δx 僅為 1 波長 λ 的光程差，$\Delta L = \lambda$。因此，$\Delta x = \dfrac{L}{d}\lambda$。

領域 物理　　Level ☆☆

實驗 ① 分光儀 Type A

準備物品

保鮮膜紙筒芯、分光片（光柵片）5 cm × 5 cm、黑色布質封箱膠帶、透明膠帶。

製作步驟

1. 利用封箱膠帶的光滑面，在保鮮膜紙筒芯上貼出一個半月形狀。
2. 再另外取一段膠帶，黏貼在另一側，做出接物鏡用的縫隙。縫隙的寬度約為一根毛髮寬。

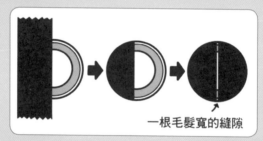

一根毛髮寬的縫隙

3. 在接物鏡那一側的筒邊捲繞寬度約為 11 cm 黑色封箱膠帶，即可完成接物鏡側！
4. 接著製作接目鏡側。用共計四小段的透明膠帶黏貼在分光片的對角線上，從接目鏡那一側觀察光源時，確認結果會如後續照片所示後，再依下方圖說依序黏貼在對角線上。
5. 同時也在接目側的筒邊捲繞寬度約為 11 cm 的黑色封箱膠帶，即可完成接目鏡側！

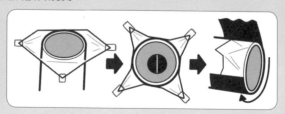

1. 試著觀察各種燈泡的光學頻譜。如：白熾燈泡、黃光燈泡型螢光燈（也稱作節能燈泡）、黃光燈泡型 LED 燈（也稱作超節能燈泡）或是螢光燈等。

結果

　　白熾燈泡擁有如太陽光線般七種顏色皆連續的光學頻譜。節能燈泡因為是螢光燈，僅會散發出能讓螢光劑發光的分散式光學頻譜。LED 燈雖然在藍綠之間會有些微的暗線存在，但是幾乎已擁有全部七種顏色的光學頻譜。

實驗 2　**領域** 物理　**Level** ☆

分光儀 Type B

準備物品

保鮮膜紙筒芯、分光片（光柵片）(5 cm × 5 cm)、黑色布質封箱膠帶、透明膠帶。

實驗步驟

1. 與分光儀 Type A 的製作方法相同，但是將接物鏡那側用黑色布質封箱膠帶整個封住當作蓋子，沿著筒邊捲繞寬度約為 11 cm 的黑色封箱膠帶。
2. 在當作蓋子的封箱膠帶上，用錐子等物品鑽出漂亮的幾何圖案小洞。

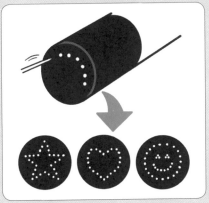

3. 試著將分光儀朝向照明器具，從接目側那側觀看，並試著轉動分光儀。

結果

直接用肉眼觀看，就能夠欣賞到各種設計圖案。如果轉動分光儀，還可以觀賞到如萬花筒般絕美的奇幻光影秀。

■ 從上述這個實驗我們可以知道：

從光的干涉與繞射現象，可以知道光的確具有波動性。

21 偏光馬呂斯定律

艾蒂安 - 路易・馬呂斯
（Etienne-Louis Malus，一七七五～一八一二年）

? **艾蒂安 - 路易・馬呂斯是誰？**

　　艾蒂安-路易・馬呂斯（以下簡稱馬呂斯）是一名出生於巴黎的法國軍人，同時也是工程師、物理學家、數學家。他從反射光的偏光現象，發現了「馬呂斯定律（Maluss law）。

　　馬呂斯曾隨著拿破崙遠征埃及，他在那段期間發現了偏光。他的數學研究工作主要與光、幾何光學有關，因此也進行用於證明克里斯蒂安・惠更斯光學理論的相關實驗。他於一八〇九年發表關於光的偏光發現，並於一八一〇年發表關於結晶中雙折射的理論，也在同年成為了法國科學院院士。

⬛ 在發現偏光之前

馬呂斯曾經入伍擔任拿破崙軍隊內的工程師，一八〇八年，他從位於巴黎安菲爾大道的自家窗戶觀看盧森堡宮窗戶反射出的夕陽，而當他旋轉方解石結晶觀看夕陽，他發現隨著角度而反射出的夕陽可見方向會隨之改變，該現象之後被稱作「**偏光**」。

⬛ 什麼是偏光？

自然光是沒有偏光的。光是一種電磁波，電場變化會產生磁場，磁場變化則會隨著電場的產生而移動。電場振動面與磁場振動面會互相垂直，電場以及磁場振動面在自然光下是全方向的。自然光穿過偏光片（部分結晶或是光學濾光片）後，電場以及磁場振動面會成為偏向單一方向的光，這部分稱作「偏光（polarization）」。在此，我們繼續針對電場進行解說。光的電場振幅可以拆解成垂直兩方向的振動成分。

使偏光片的偏光方向垂直重疊，稱作「**正交偏光**（cross nicol）」。在正交偏光下，光幾乎無法通過（這時的偏光片僅有光波模式，並沒有電場模式）。在正交偏光下設置兩片偏光片，並於中間插入相位延遲片後，光即可通過。

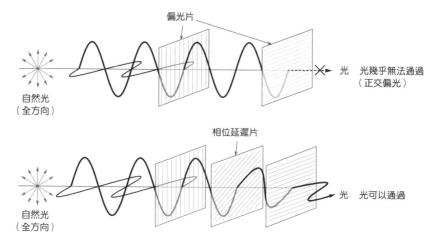

此外，相對於直線偏光濾光片的吸收軸，將 1/4 相位延遲片（Retardation Film）的延遲軸以四十五度角重疊黏貼後，會成為右旋圓偏光片；或是將 1/4 相位延遲片以一百三十五度（負四十五度）重疊黏貼，就成為左旋圓偏光片。

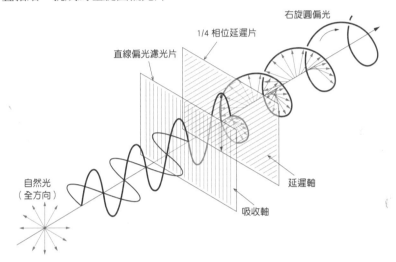

右旋圓偏光

1/4 相位延遲片

直線偏光濾光片

延遲軸

吸收軸

自然光
（全方向）

■ 什麼是馬呂斯定律？

馬呂斯透過兩片偏光片的光線強度，發現了以下的現象。入射光線的強度為 I_0，透過偏光片的光線強度為 I，因此 $I = I_0 \cos^2 \theta$，θ 為相對於入射光的偏光片角度，這就被稱作是「**馬呂斯定律**」。

■ Let's 重現！～實際做個實驗確認看看吧～

「偏光現象」被廣泛運用於各種現代日常活動。光經過水面或是玻璃面等反射時，與入射面垂直的偏光會變得較多，但只要配戴利用這個原理製作出的偏光太陽眼鏡，即可阻擋掉水面的反射光，並且可以清晰地看到水中的情形。因此，偏光太陽眼鏡在釣魚同好之間被視為珍寶。

正交偏光與平行偏光實驗

準備物品

偏光太陽眼鏡或是偏光片（兩片）。

實驗步驟

1. 取下偏光太陽眼鏡的鏡片，將兩片鏡片疊放，再慢慢轉動其中一片。

結果

朝向自己的那一側會一下變暗 [正交偏光（cross nicol）]，一下變亮 [平行偏光（open nicol）]。

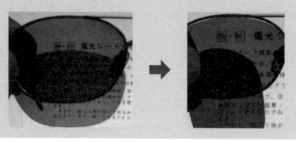

實 驗 **②**

領域 物理　　**Level** ☆

液晶偏光實驗

準備物品

偏光太陽眼鏡或是偏光片（兩片）、液晶螢幕。

實驗步驟

1. 將偏光太陽眼鏡疊放在液晶顯示器或是液晶電視畫面上，並試著慢慢轉動鏡片。

結果

轉動鏡片時，朝向自己的那一側會一下變暗，一下變亮。

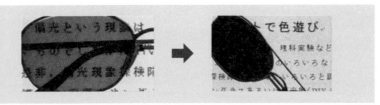

實驗 ③ 利用偏光片測試光彈性

準備物品

偏光片（兩片）、塑膠袋、塑膠尺或是 DVD 盒等。

實驗步驟

1. 將塑膠袋剪出約 5 cm ×5 cm 的大小後，試著把它夾在偏光片內。
2. 用手指拉伸塑膠袋後，試著把它夾在偏光片之間。
3. 彎曲塑膠尺或是 DVD 盒等後，試著把它夾在偏光片之間。

結果

　　用手指拉伸塑膠袋等物體後，會出現「光彈性」現象，我們可以試著藉此觀察因延伸張力強度而變化的顏色。同樣地，也可以使用偏光片觀察應力施加在塑膠盒上的情形與顏色變化等。就會發現彈性體受到外力所引起的雙折射情形，藉此呈現光彈性現象。

在偏光片上黏貼透明膠帶實驗

準備物品

偏光太陽眼鏡或是偏光片（兩片）、透明塑膠袋、透明膠帶、液晶螢幕。

實驗步驟

1. 將塑膠袋剪成約 5 cm × 5 cm，並在上方黏貼許多透明膠帶。
2. 將已貼妥透明膠帶的塑膠片夾在兩張偏光片之間，進行透光觀察，但是注意請不要用來直視太陽光。
3. 試著旋轉單張偏光片。
4. 將已貼妥透明膠帶的塑膠片與偏光片重疊擺放在液晶螢幕上，並試著轉動塑膠片。

結果

　　將已貼妥透明膠帶的塑膠片與偏光片重疊，再疊上另一片偏光片後，試著透光觀察，即可看到如教堂彩繪玻璃（Stained Class）般不可思議的景象。轉動塑膠片，還可以看到各種顏色的變化，相當有趣。在液晶螢幕上也可以享受到相同的樂趣。

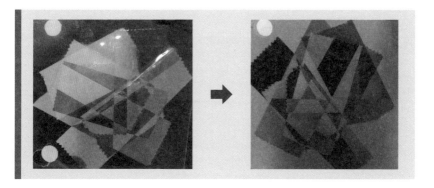

實驗 ⑤ 黑牆

準備物品

偏光片、透明的黑色塑膠片。

實驗步驟

1. 將透明的黑色塑膠片黏貼面朝上,再將兩張同為長方形的正交偏光片放在一起,用捲壽司的方式捲起。
2. 從側面觀察。
3. 試著把原子筆或是長棒等物品穿過黑牆。

結果

　　看起來就像是一道普通的黑色牆壁,所以稱作「黑牆」,但東西卻又可以順利地通過,讓人有一種不可思議的感覺,簡直就像是科學魔法似的。

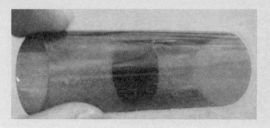

▉ 從上述這個實驗我們可以知道：

可以了解如何使用偏光片，使自然光呈現偏光狀態。

史特林引擎

羅伯特・史特林
（Robert Stirling，一七九〇～一八七八年）

❓ 羅伯特・史特林是誰？

　　羅伯特・史特林（以下簡稱史特林）是一名蘇格蘭牧師、發明家，一八一六年因為發明史特林引擎（Stirling Engine，又名熱空氣引擎）而聲名大噪。

　　史特林受到父親影響而對工程產生興趣，他還同時學習了神學，並於一八一六年成為蘇格蘭教會的牧師。然而，他在任職的教區親眼目睹了多起蒸汽機爆炸事故，由於當時對利益的考量優於安全性，因而引發許多使用高壓瓦特式蒸汽機而發生的事故。為此，史特林著手研發安全性更高、更有效率的動力來源，並在一八一六年發明、一八一九年開發出商用化的史特林引擎。一八七八年，於蘇格蘭南部的高爾斯頓辭世。

在發明史特林引擎之前

希羅所開發的「希羅蒸汽引擎（Heros engine）」是將蒸汽噴發裝置配置在圓周上，以獲得扭力。之後，丹尼斯‧帕潘（Denis Papin）運用蒸汽，將大氣的力量作為動力，製作出帕潘蒸汽機模型。後來，湯瑪士‧塞維利（Thomas Savery）於一六九八年開發出「火力機關（塞維利機關）」。

之後，到了一七一二年，湯瑪士‧紐科門（Thomas Newcomen）製作出第一台實際用於礦山排水的蒸汽機。該蒸汽機與鍋爐不同的地方在於，它是將冷水灌入另外設置的蒸汽氣缸內，使其冷卻。

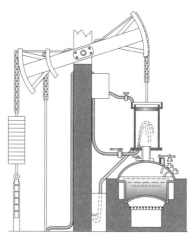

希羅蒸汽引擎

蒸汽凝結後會形成真空而吸引活塞運動，並且透過頂部的大型槓桿力量啟動坑道內的揚水幫浦。然而，其燃料效率很低，挖出的石炭中僅有 1/3 左右適用於揚水幫浦，熱效率未達 1%。

詹姆斯‧瓦特（James Watt）改良了紐科門的蒸汽機，於一七六九年開發出新式蒸汽機，並且改良出可從往復運動轉變為旋轉運動等多種形式的機器，但因事故頻仍，史特林又繼續進行新型機器的研發。

什麼是史特林引擎原理？

眾所周知，熱能轉換的最大工作效率無法超過「卡諾循環（Carnot cycle）」。理想來說，史特林引擎可以實現與「卡諾循環」同樣的熱效率。

讓我們試著用「彈珠史特林引擎模型」，來思考其動作原理吧！

用固體燃料加熱試管後，引擎內的氣體溫度會上升、氣體會膨脹，

而當注射器內的氣體體積增加，與注射器連動後，彈珠就會有沉在試管底部的傾向。

試管中的彈珠會在試管底部移動，而由於試管內的氣體不會被加熱，因此引擎內的氣體溫度會下降。溫度下降時，氣體會收縮，因此被按壓的注射器就會恢復原狀。試管的底部會上升，試管內的彈珠也會回到最初的狀態。

①加熱　　②膨脹　　③冷卻　　④壓縮

反覆操作以上步驟後，注射器的氣缸會持續運作，即可完成一台彈珠史特林引擎車。

在循環過程中，引擎內的氣體會反覆依序以 A → B → C → D → A → ⋯⋯ 四個狀態運作。氣體在一個循環內所作的功如圖中的 W 部分所示。

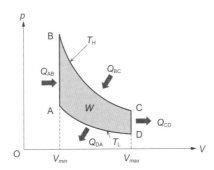

從 A 到 B，會因為加熱（ + Q_{AB} ）而發生定容變化，從 B 到 C 會發生定溫變化（ + Q_{BC} 以及 − W_{BC} ），從 C 到 D 會發生等容變化（ − Q_{CD} ），從 D 到 A 會因為冷卻而發生定溫變化（ − Q_{DA} 以及 + W_{DA} ）。A 與 D、B 與 C 的溫度分別為 T_H 與 T_L。

在定容變化方面，由於 $Q = \Delta U = nC_V \Delta T$，因此 $W = 0$ 成立，故在 A → B，C → D 的變化下，代入公式時：

$Q_{AB} = nC_V (T_H − T_L)$， $W_{AB} = 0$

$Q_{CD} = nC_V (T_L − T_H) = 0 − nC_V (T_H − T_L)$， $W_{CD} = 0$

此外，在定溫變化方面，由於 $Q = W = nRT \log \dfrac{V_2}{V_1}$ 成立，

故在 B → C、D → A 的變化下，代入這個公式時：

$$Q_{BC} = W_{BC} = nRT_H \log \frac{V_{max}}{V_{min}}$$

$$Q_{DA} = W_{DA} = nRT_L \log \frac{V_{max}}{V_{min}} = - nRT_L \log \frac{V_{max}}{V_{min}}$$

史特林引擎在 C → D 過程中所釋放出的熱量可於 A → B 的過程（Q_{AB} = $-Q_{CD}$）中再次被利用。這種可以重複利用熱能的引擎，稱作「蓄熱式熱交換器」。在彈珠史特林引擎車中，彈珠即扮演著「蓄熱式熱交換器」的角色。

求取熱效率 e 時，必須考慮到熱量 Q_{AB} 會重複利用循環過程中釋放出的 Q_{CD}，因此在求取熱效率時不需考量其所接收到的熱量，則熱效率 e 為：

$$e = \frac{W_{AB} + W_{BC} + W_{CD} + W_{DA}}{Q_{BC}}$$

$$= \frac{0 + nRT_H \log \dfrac{V_{max}}{V_{min}} + 0 + \left(- nRT_L \log \dfrac{V_{max}}{V_{min}} \right)}{nRT_H \log \dfrac{V_{max}}{V_{min}}}$$

將右邊以 $nR\log \dfrac{V_{max}}{V_{min}}$ 約分後，就會變成：

$$e = \frac{T_H - T_L}{T_H} = 1 - \frac{T_L}{T_H}$$

例如：將 T_H 與 T_L 當作水的沸點（100℃）與水的熔點（0℃）時，將單位換算為絕對溫度 K，熱效率 e 為：

$$e = \frac{373 - 273}{373} = \frac{100}{373} \fallingdotseq 0.27$$

在其他轉換效率方面，與蒸汽渦輪發動機（約 40%）、汽油引擎（20～30%）、蒸氣引擎（8～20%）、核子反應爐（約 30%）、太陽電池（約 20%）相比，可以得知史特林引擎的效率算是相當不錯。

十八世紀後半，瓦特改良蒸氣引擎，推動英國工業革命，到了十九世紀中葉，陸續出現了蒸氣引擎車、蒸氣船等實際商用化的產品。

當時，從事蒸氣引擎相關工作以及提升供應引擎熱能也就是指如何提升熱效率等成為一大課題。

　　該課題後來由卡諾（Nicolas LéonardSadi Carnot）解決。他在尚未得知熱力學第一定律的時代下，提出理想的循環狀態──卡諾循環，並且針對熱效率進行探究。

　　卡諾循環中的氣體 A → B 以及 C → D 為定溫變化，B → C 以及 D → A 為絕熱變化。卡諾循環雖然是實際上無法實現的循環，但是可以做出非常接近卡諾循環的循環。

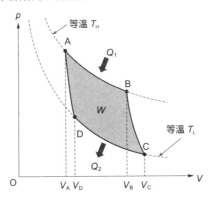

　　卡諾循環的熱效率 e 可以與史特林引擎用同樣方式進行計算。使用等溫變化以及絕熱變化的計算公式如下：

$$e = 1 - \frac{T_L}{T_H}$$

　　這個公式與理想的史特林引擎熱效率公式相同，因此也可以說，史特林引擎「只要」能夠進行理想的動作，就能夠出現接近卡諾循環的熱效率。

⌨ Let's 重現！～實際做個實驗確認看看吧～

實驗 ❶ 　　領域 物理　　Level ★☆☆☆

來做一台史特林引擎車吧！

準備物品

玻璃製注射器（5mL）、玻璃製試管、彈珠（五顆）、橡皮栓（6號）、內徑3mm的塑膠管（5cm）、直徑3mm的鋁管（3cm）、橡皮筋（兩條）、珍珠板、500mL的四角寶特瓶（一個）、直徑3mm的鋁圓棒（20cm左右）、竹籤、珍珠板、鐵絲、滑輪（直徑4cm）、鋁空罐（一個）、固態燃料、打火機、透明膠帶、絕緣膠帶、錐子。

製作步驟

1. 將寶特瓶底部往上9.5cm處當作窗戶下緣，切割出一個縱6cm、橫4cm左右的窗戶孔洞。同樣地也在另一側切割出一樣的孔洞。

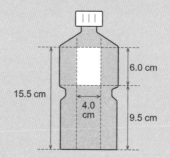

2. 接著在隔壁側，在寶特瓶底部往上15cm處，以間隔1.5 cm的距離切割出兩個孔洞。

3. 切割好孔洞後，以該位置為上緣，在正下方畫出1.5cm的正方形，將三邊以剪刀剪開。穿過橡皮筋，再將試管放入步驟「1.」做出的窗戶。

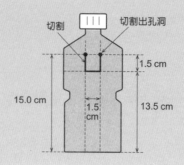

4. 在試管上安裝一個插有直徑 3 mm 鋁管的橡膠栓。在鋁管前端安裝塑膠管。

5. 在試管內放入五顆彈珠，蓋上橡膠栓。

6. 將 7cm×30cm 的珍珠板當作車體，切出 5cm× 5cm 當作活塞固定板，以及 5cm×3cm 當作氣缸固定板，再如圖進行組裝。

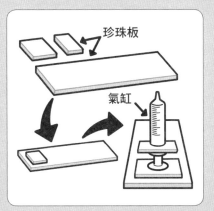

7. 接著，製作出一個可以將試管上下運動轉換為旋轉運動的結構。將竹籤剪成約 14 cm，並且固定在氣缸固定板上。竹籤兩端必須超出氣缸固定板。

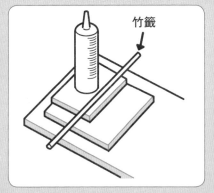

8. 將鋁棒穿過已切割成寬度 7 cm 的塑膠瓦楞紙板，再將兩端以鉗子彎折，作成一個曲軸（crankshaft）。

9. 在放有竹籤的氣缸固定板正下方，以曲軸固定住珍珠板。

10. 在曲軸凸出處與注射器針筒降至最下方的狀態，用鐵絲將竹籤與曲軸綁在一起。這時請不要綁得太緊，之後才可以順利地「玩」。

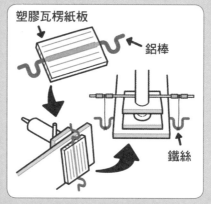

塑膠瓦楞紙板

鋁棒

鐵絲

11. 為了不要讓鐵絲脫落，可以用絕緣膠帶進行防護。
12. 將裝有試管的寶特瓶固定在車體板的中央位置。這樣一來，引擎部位的安裝就完成了。
13. 接著製作搭載燃料的平台，從空鋁罐底部往上 10 cm 左右處切開，倒裝在車體上。擺放位置為試管底部的正下方。
14. 將塑膠管前端與已安裝好橡膠栓的鋁管連接，即可完成一台彈珠史特林引擎車。

實驗步驟

1. 進行實驗前，請先注意試管的位置。將活塞完全押入氣缸時，必須調整試管角度，讓試管口朝下。
2. 將固態燃料放在空鋁罐的底部，然後點火。

從上述這個實驗我們可以知道：

　　熱能轉變為作功的效率無法超越「卡諾循環」。史特林引擎可以達到理想中與「卡諾循環」相同的熱效率。然而，光是熱效率良好，有時候並無法運用在現實社會中。進行技術開發時，應該要避免與社會脫節。

MEMO

23 安培定律

安德烈─馬里・安培
（André-Marie Ampère, 一七七五～一八三六年）

? 安德烈─馬里・安培是誰？

安德烈─馬里・安培（以下簡稱安培）是一名出生於法國中南部里昂的物理學家、數學家。他發現了「安培定律」，電流單位的安培（A）即是以他的名字命名。

安培自幼就很優秀，他專研尤拉（Leonhard Euler）以及白努利的研究，十四歲時就讀完二十本由狄德羅（Diderot）、達朗貝爾（dAlembert）等人所著的《百科全書》。一八二〇年九月十一日時，安培聽聞H・C・厄斯特發現指南針接近有電流通過的電線時會發生偏轉的消息，他在一週後的九月十八日發現指針偏轉的方向與電流流動的方向有關，進而提出論文。安培最後於馬賽辭世，而後被埋葬在巴黎的蒙馬特墓園。

🔲 在發現安培定律之前

　　自古以來，人們都認為電現象與磁現象之間的性質非常相近，但是卻一直遍尋不著電現象可以與磁現象連結的跡象。

　　一八二〇年四月二十一日，丹麥的厄斯特在課堂中打翻了實驗器具，不小心切換到電池開關，進而發現放置於直線電線旁的指南針有偏轉情形。深入研究後，則發現有電流流通的導線周圍會形成圓形磁場，並且公開發表。該發現的消息輾轉傳至歐洲，數週間後，必歐（Bio）和沙伐（Savart）各自提出電流及其周圍可以形成磁場的報告。兩人的研究結果被後人整理成「**必歐—沙伐定律**（Biot-Savart law）」，安培也因此發現了「**安培定律**」。

🔲 什麼是安培定律？

　　「**安培定律**」是一種用來表示電流及其周圍磁場關係的法則。磁場會沿著閉合迴路（closed loop）的路徑補足磁場的積分，補足的積分結果會與貫穿閉合迴路的電流總和成正比。補足磁場則會以線積分（line integral）的方式進行。

　　安培以實驗方式觀測兩條電流之間的動力，再將實驗結果彙整成「安培定律」。藉由此定律可以用來說明先前已發現的電磁現象。

　　安培發現電流流動時，電流方向會朝右旋前進，進而發現右旋時會產生磁場。將右手拇指朝上立起，其餘手指握拳，假設電流方向等同於拇指方向，剩餘的手指方向即為磁場方向，因此又被稱作「**右手定則**」。

　　讓我們重新將「安培定律」整理成簡單易懂的形式，並進行說明吧！

　　讓電流 I 通過一段無限長的直線導線，可以利用「右手定則」找出磁場方向。而在距離導線 r 的同心圓上，可利用安培定律得出

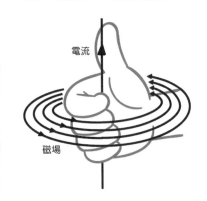

電流

磁場

$2\pi rH = I$ 的關係成立。此公式變形後即是直線電流的磁場公式：

$$H = \frac{I}{2\pi r}。$$

與「必歐—沙伐定律」積分後的內容一致。

Let's 重現！～實際做個實驗確認看看吧～

實驗
①
驗證奧斯特的實驗

領域 物理　Level ☆☆

準備物品

可以裝水的容器、水、磁鐵、保麗龍、導線、鹼性電池或是行動電源、指南針、剪刀、雙面膠。

製作步驟

1. 將磁鐵嵌入保麗龍內，並以雙面膠固定，製作成一顆可漂浮的磁鐵。
2. 將大量水灌入容器內，再將可漂浮的磁石浮在容器的正中間。

實驗步驟

1. 擺放指南針，將可漂浮的磁鐵朝南北方向。
2. 將導線跨掛在容器上方。

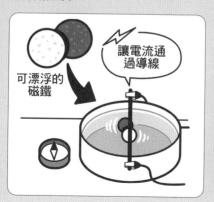

可漂浮的磁鐵

讓電流通過導線

領域 物理　　**Level** ☆☆

實驗 ② 右手定則～電磁石的 N 極～

準備物品

LAN 纜線（3m 左右）、斜口鉗、絕緣膠帶、剪刀、美工刀、數顆鹼性電池或是行動電源、鐵粉（最好是鬍渣狀的鐵粉）、指南針、泡棉膠、寶特瓶（500 mL）、紙、雙面膠、保麗龍。

製作步驟

1. 用斜口鉗將 LAN 纜線剪成約 3 m，再剝除纜線外側的絕緣膜約 4 cm，拉出內側導線。
2. 另一側的纜線也以相同方式處理，先剝除覆蓋於內側的導線，再將不同顏色的導線連接在一起，將所有導線連接成一根，把連接完的導線當作可透視磁場的纜線。

LAN 纜線

連結不同顏色的導線

實驗步驟

1. 將可透視磁場的纜線以直線狀連接在泡棉膠的正中央，並在周圍撒上鐵粉。
2. 將磁場可視化電磁線圈與鹼性電池或是行動電源連接，並輕輕用手敲打泡棉膠。
3. 準備另一片泡棉膠，與指南針擺放在一起。

結果

    鐵粉會用一種包圍住導線的感覺，以同心圓狀的方式配置，便可用肉眼看到磁場的樣貌。

電流方向

圓形線圈磁場

準備物品

可透視磁場的纜線、泡棉膠、鬍渣狀的鐵粉、文件打孔器、電池。

實驗步驟

1. 在泡棉膠上打出兩個孔洞，將可透視磁場的纜線穿過該孔洞、做成圓環狀，使電流通過。

結果

圓環狀的纜線中心，會形成可以貫穿圓環中心的磁場。

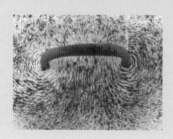

電流方向

實驗 4　　**螺線管的磁場**

準備物品

可透視磁場的纜線、泡棉膠、鬍渣狀的鐵粉、美工刀、電池。

實驗步驟

1. 將泡棉膠如圖Ⓑ加工成櫛狀,將可透視磁場的纜線配置成螺線管,使電流通過。

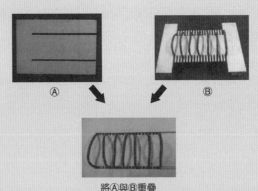

將Ⓐ與Ⓑ重疊

結果

螺線管的中心位置會彷彿被貫穿,內部可以產生平行的磁場。螺線管外部的磁場狀態會近似於在棒磁石周圍灑下鐵粉的狀態。

解說

肉眼看不見磁場,為了方便留下視覺印象,就必須試著讓磁力線這種東西可視化。

▰ 從上述這個實驗我們可以知道：

可藉此理解電流會產生磁場，此外，也可以輕鬆理解以上這些狀態皆適用於「**安培定律**」。

MEMO

24 歐姆定律

蓋歐格・西蒙・歐姆
（Georg Simon Ohm, 一七八九～一八五四年）

? 蓋歐格・西蒙・歐姆是誰？

　　蓋歐格・西蒙・歐姆（以下簡稱歐姆）為一名德國物理學家，弟弟馬丁亦是知名數學家。一八一七年九月十一日起，歐姆開始在物理實驗器材豐富的科隆文法學校工作。一八二七年他出版《直流電路的數學研究》（*The galvanic Circuit investigated mathematically*），其中發表了「電路中的電流大小與電壓成正比」的「歐姆定律」，因此他在一八四一年獲得由皇家學會所頒發的科普利獎章，隔年一八四二年成為外國人會員，一八五二年，也就是在六十歲後，他成為慕尼黑大學的實驗物理教授。

　　歐姆獨立製作實驗裝置，發現導體所消耗的電位差會與流動的電流成正比（歐姆定律：Ohm's law）。

🔳 在發現歐姆定律之前？

當時歐姆針對伏打所發明的伏打電池進行研究，並且獨力製作實驗裝置，最終發現了「歐姆定律」。

此外，因為歐姆定律的內容是電流與電位差成正比，也就是，最早發現「歐姆定律」的其實應該是一七八一年的亨利・卡文迪許。然而，卡文迪許並未在有生之年公開發表該項發現，而是由馬克士威在卡文迪許逝世的數十年後，於一八七九年整理出版的《尊敬的亨利・卡文迪許的電學研究》（*The Electrical Researches of the Honourable Henry Cavendish*）中才將該研究成果呈現在眾人眼前。

🔳 什麼是歐姆定律？

「歐姆定律」是一八二七年由德國物理學家歐姆所發現的。流經電路部分的電流 I 與其兩端的電位差 V 成正比，公式可寫為：$V = IR$。比例係數 R 會依導體材質、形狀、溫度等而定，稱作「電流阻礙（electric resistance）」或是直接稱作「電阻（resistance）」。電流單位為安培（符號：A），電位差的單位則使用伏特（符號：V），這時的電阻單位會使用歐姆（符號：Ω）。

🔳 Let's 重現！～實際做個實驗確認看看吧～

領域 物理　　Level ☆

試著將電池連接在 100Ω 電阻上吧！

準備物品

電力量測儀（一台）、100 Ω 電阻、乾電池（數顆）、強力磁鐵（釹鐵硼磁鐵數顆）。

實驗步驟

1. 將乾電池與強力磁鐵連接，即可將電池串聯。將電力量測儀與 100 Ω 的電阻串聯後，再依序連接一顆、兩顆、三顆……電池。

2. 將乾電池以一顆 1.5 V、兩顆 3 V、三顆 4.5 V、四顆 6 V 計算，
並繪製成圖表。

結果

可以用歐姆定律的 $V = RI$ 來表示。

V(V)	1.5	3.0	4.5	6.0
I(A)	0.015	0.030	0.045	0.060

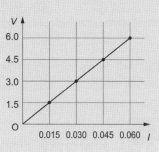

試試看可以串聯幾條 100Ω 電阻

準備物品

電力量測儀（一台）、100Ω 電阻（五個）。

實驗步驟

1. 分別串聯一個、兩個、三個、四個、五個 100Ω 電阻。

結果

根據圖表，在串聯狀態下，串聯 n 個電阻後會變成 $R_n = R \times n = nR$。

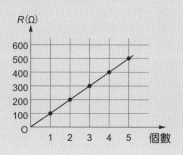

根據圖表，$100\ \Omega \times 5 = 100\ \Omega \times (3 + 2)$
$$= 100\ \Omega \times 3 + 100\ \Omega \times 2$$
$$= 300\ \Omega + 200\ \Omega$$

以上計算公式都成立。$R = 500\ \Omega$，$R_1 = 300\ \Omega$，$R_2 = 200\ \Omega$，因此也可以寫成：$R = R_1 + R_2$

一般而言，可以確認串聯時的合成電阻值會等於已連接的電阻值的和。

$$R_n = R_1 + R_2 + \cdots = \sum_{n=1}^{i} R_i$$

實驗 3

試試看可以並聯幾條 100Ω 電阻

準備物品

電力量測儀（一台）、$100\ \Omega$ 電阻（五個）。

實驗步驟

將 1. 中的 $100\ \Omega$ 電阻依序與一個、兩個、三個、四個、五個的方式並聯。

結果

串聯連接 n 個時，根據圖表會變成：

$$\frac{1}{R_n} = \frac{1}{R} + \frac{1}{R} + \frac{1}{R} + \cdots \frac{1}{R} = \frac{n}{R}$$

$$R_n = \frac{R}{n}$$

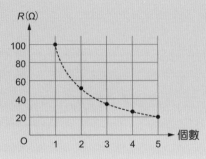

解說

根據圖示，將兩個電阻並聯時，$\frac{100}{2} = 50\Omega$。

接著，將四個電阻並聯時，$\frac{100}{4} = 25\Omega$。

這時，將兩個並聯為一組，並且試著並聯兩組時，$\frac{1}{R_4} = \frac{1}{50} + \frac{1}{50} = \frac{2}{50} = \frac{1}{25}$。就會變成 25Ω。

接著，試著將兩個電阻並聯為一組、將三個電阻並聯為一組，依序進行並聯接續時，

$$\frac{1}{R_5} = \frac{1}{50} + \frac{1}{34} = \frac{1}{\frac{100}{2}} + \frac{1}{\frac{100}{3}} = \frac{2}{100} + \frac{3}{100} = \frac{5}{100} + \frac{1}{20}。R_5 = 20\ \Omega,$$

也可以寫成，$\frac{1}{R_n} = \frac{1}{R_1} + \frac{1}{R_2}$

一般來說，可以確認並聯時的等效電阻值倒數會等於已連接電阻值的倒數和。

$$\frac{1}{R_n} = \frac{1}{R_1} + \frac{1}{R_2} + \cdots = \sum_{n=1}^{i} \frac{1}{R_i}$$

▶ 從上述這個實驗我們可以知道：

歐姆定律是 $V = IR$

串聯的等效電阻值為：$R_n = R_1 + R_2 + \cdots = \sum_{n=1}^{i} R_i$

並聯的等效電阻值為：$\frac{1}{R_n} = \frac{1}{R_1} + \frac{1}{R_2} + \cdots = \sum_{n=1}^{i} \frac{1}{R_i}$

MEMO

25 法拉第電磁感應定律

麥可‧法拉第
（Michael Faraday, 一七九一～一八六七年）

❓ 麥可‧法拉第是誰？

　　麥可‧法拉第（以下簡稱法拉第）為一名英國化學家、物理學家。他幾乎沒有接受過正統教育，十四歲時成為出版業暨書店的約聘員工。在有機會閱讀眾多書籍的過程中，強化了他對科學的興趣，特別是對電學方面。一八一二年，當時二十歲的法拉第聽到好幾場漢弗里‧戴維（Humphry Davy）的演講。他將戴維的演講筆記寄給戴維後，獲得了善意的回應。之後，他有幸成為了皇家研究所的化學研究助理。

　　一八二〇年四月二十一日，法拉第聽說奧斯特發現能夠用來表示電力與磁力關係的現象，之後他在十一年後的一八三一年八月二十九日，發現了電磁感應。

🔳 在發現法拉第電磁感應定律之前

　　厄斯特在課堂中偶然發現初次可用來證明電力與磁場直接關係的證據，就是在切換電池開關時，擺放在旁邊的指南針會指向非常規的位置。於是，他發表了當有電流通過導線周圍即會形成圓形磁場的報告。

　　厄斯特的發現由當時前來旅行的阿拉戈（Arago）回報給巴黎後，立刻受到人們矚目，過了數週，必歐和沙伐分別單獨提出電流及其週邊會產生磁場的報告。兩個人的報告結果由後人彙整成「必歐-沙伐定律」。此外，安培在一八二〇年九月十一日聽聞厄斯特發現指南針靠近有電流通過的電線時會發生偏離情形，他在一週後的九月十八日發現磁針偏離方向與電流流向有關，進而撰寫成論文，向學會提出。如此一來，即確認了電流會產生磁場，而法拉第認為，磁場也有可能會產生電流，因而致力進行相關實驗。之後又過了十一年，直至一八三一年八月二十九日終於發表「法拉第電磁感應定律」。

🔳 什麼是法拉第電磁感應定律？

　　假設導線 AB 在磁場中以速度 v 向右移動。於是，自由電子 $-e$ 從磁場接收勞侖茲力（Lorentz force）f_B 後，會聚集在 B 側，B 側的電壓就變得比 A 側來得低。

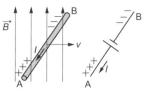

　　由於電子會大量聚集在 B 側，因此會在導線 AB 內部產生電場。產生的電場為 E 時，電子會從 B 朝向 A，並接收來自電場的力量 f_E。

　　剛開始時，導線 AB 上並沒有電子偏離，所以不會產生電場。隨著導線 AB 以速度 v 向右移動，導線內部的電場強度並不會無限擴大，反而會維持穩定的狀態。這是因為從導體內部電場接收到的力量和從外部磁場接收到的力量達到平衡。就會變成 $f_E = f_B$。

　　$F = eE = evB$　　$\therefore E = vB$ 成立

導線長度設為 L，導線兩端會產生 $V = EL = vBL$ 的電位差。我們可以藉此思考如圖所示的電磁線圈 ABCD，電流會以 A → D → C → B → A 的方向流動。

然而，在電磁線圈 ABCD 中，導線 AB 在 dt 之間移動的距離為 x，可寫成 $x = vdt$，因此導線 AB 在 dt 所描繪出的面積 dS 為：

$dS = xL = vdt \cdot L$，

dt 間的磁通量變化 $d\Phi$ 為：

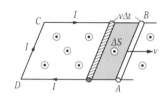

$d\Phi = BdS = Bvdt \cdot L$。

如此一來，每秒的磁通量變化為：

$$\frac{d\Phi}{dt} = \frac{Bvdt \cdot L}{dt} = vBL$$

因此，因導線感應所產生的電動勢會等於磁通量的變化率，假設該電動勢為 V，即可得到 $V = vBL$。

此外，關於磁場 B 這個部分，將「右手定則」的方向當作正確方向時，電磁感應的方向會相反，即可顯示電磁感應具有方向性，公式可寫成：

$$V = -\frac{d\Phi}{dt}。$$

這被稱作**法拉第電磁感應定律**。

感應電流所產生的磁場方向會阻礙導線移動所產生的磁通變化方向，可以想像成是感應電流會朝著阻礙磁通量變化的方向流動。此稱作**冷次定律**（Lenz Law）。

然而，關於磁通量變化，當磁場 B 固定時，可以理解成：

$$d\Phi = B(vdt \cdot L) = BdS \qquad |V| = \frac{d\Phi}{dt} = B\frac{ds}{dt}$$

那麼，當面積 S 固定，又該如何理解呢？這時，可以將其看作是面積固定時的電磁線圈內部磁通量變化。

電磁線圈的纏繞數為 N 時，所產生的電磁感應會與串聯的每一圈線圈所產生的電動勢相同，因此會變成：

$$V = -N\frac{d\Phi}{dt}。$$

領域 物理　　Level ☆☆

實驗①

來做一支搖一搖就能發光的手電筒吧！

準備物品

漆包線（0.2 mm 或是 0.4 mm 皆可，可纏繞超過六百圈以上的長度即可）、直徑 13 mm 左右的強力磁鐵（釹鐵硼磁鐵，四顆）、珍奶專用粗吸管、500 mL 的汽水寶特瓶（一個）、鋁箔膠帶、剪刀、大盞LED 燈、布銼刀、海綿等緩衝材料、雙面膠。

製作步驟

1. 在粗吸管上，利用海綿做出一個刀鐔（日本刀上最寬的部位），並且在刀鐔上方纏繞圈數足夠完全覆蓋的漆包線。

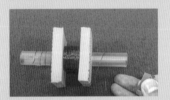

2. 去除漆包線兩端的塗漆。
3. LED 燈的線腳容易折斷，可以剪下約 1.5 cm 的海綿塊作為保護，再用雙面膠將其黏在一起。
4. 接著，在寶特瓶的瓶蓋上鑽出兩個孔洞，將 LED 的線腳穿進去。

5. 穿過線腳的內側放上海綿，再將漆包線確實纏繞在 LED 線腳上，折彎、固定線腳，避免漆包線脫落。

6. 將海綿壓住粗吸管的其中一側當作蓋子，為了不要讓蓋子脫落，必須用透明膠帶確實固定。
7. 將四顆強力磁鐵疊起並放入粗吸管內，實際搖一搖確認 LED 燈是否會亮起，確認後再用海綿將還很空的粗吸管內側孔洞用海綿塞滿，再用透明膠帶確實固定。
8. 如圖，切開寶特瓶瓶口側，黏貼鋁製貼紙作為反射鏡。
9. 拴緊寶特瓶瓶蓋即完成。

實驗步驟

1. 試著搖一下這個搖動就能發光的手電筒。

結果

LED 發光。

解說

　　這種將磁鐵穿過線圈後的發電方法，和法拉第的實驗如出一轍。隨著科技進步，可以使用強力磁鐵（釹鐵硼磁鐵）取代磁鐵，同時也可以提升發電能量。除此之外，即使使用的電力較少，使用大盞的白色 LED 可以讓光源更加明亮，即使在黑暗中，這樣的光線也非常足夠且實用。

從上述這個實驗我們可以知道：

在線圈附近發生磁場變化時，線圈會發生電磁感應而產生感應電動勢，因此可以知道，其實有感應電流正在流動。

26 法拉第電解定律

麥可・法拉第
（Michael Faraday，一七九一～一八六七年）

? **麥可・法拉第是誰？**

　　法拉第剛開始從事與化學相關的工作時，即是擔任戴維的研究助理。法拉第的化學研究活動領域相當寬廣，一八二三年，他成功使氯氣液化，一八二五年發現苯（benzene）。他提出比分子凝集概念更為精準的基礎理論，有助於確立氣體液化只不過單純是氣體沸點較低的液體蒸氣。一八二〇年，他初次用碳與氯合成化學物質C_2Cl_6（六氯乙烷）與C_2Cl_4（四氯乙烯），並於隔年公開發表。一八三三年，他提出「法拉第電解定律」；一八四七年，他發現膠態金（colloidal gold）的光學特性與金塊不同，被視為最早發現量子尺才的觀察報告，亦被視為奈米科學的誕生。

▟▙ 在發現電解定律之前

　　十八世紀末伏打發明伏打電池後，人們開始利用電力進行化學反應相關研究。一八○○年，安東尼・卡里斯勒與威廉・尼科爾森第一次成功進行電化學水解實驗。漢弗里・戴維受到電化學水解實驗的刺激，於一八○六年發表「綜合的電化學假說」。隔年一八○七年，成功藉由氫氧化鉀電解法，離析出鉀離子。後來，戴維又以相同手法陸續發現鈉、鈣、鍶、鋇、鎂。藉此取得元素周期表中的各個元素單體。

　　法拉第延續了戴維的研究項目，持續進行電解相關研究，最後於一八三三年發現「法拉第電解定律」。

▟▙ 電解定律原理是什麼？

　　法拉第於一八三三年發現「**法拉第電解定律**」，他針對電解質溶液中會進行的電解狀態提出相關定律，可分為第一定律與第二定律。

　　第一定律是指被析出（電解）的物質質量與電量成正比。將電流設為 I（A）、將時間設為 t（s）、電量設為 Q（C）、電化學當量（比例常數）設為 K 時，求得的析出量 w 為：

$w = KIt = KQ$。

　　此外，第二定律是指電化學的當量重量與電極生成的化學當量相等，可以說是相同的東西。將物質量設為 n（mol）、質量設為 m（g）、分子量設為 M（g/mol）、電流設為 I（A）、t（s）、離子價數為 z、法拉第常數為 $F = 96500$ C/mol 時，$n = m/M = It/zF$。由於會析出相當於 1g 的等量物質，因此所需的電量並不會因為物質種類而有所改變，會維持恆定。

▟▙ Let's 重現！～實際做個實驗確認看看吧～

實驗①	利用鉛筆芯進行電解	領域 化學　Level ☆☆

準備物品

底片盒等小盒子、手動發電機（如果沒有，可以用充電器或是 SONY S-006P 9V 的乾電池）、鉛筆筆芯、隨手可得的飲料或是咖啡凍等（請勿選用食鹽或是運動飲料，因為兩者在電解時不會產生氧氣，只會產生氯氣）。

★ 想要更深入實驗需準備的物品：蜂鳴器、LED、模型馬達。

實驗步驟

1. 在底片盒等盒蓋上鑽出兩個孔，將鉛筆筆芯分別插入孔中。這時不要讓鉛筆筆芯彼此觸碰，避免短路。
2. 在盒內倒入約半分滿的溶液，可以將咖啡、紅茶或是身邊隨手可得的茶水當作電解液，蓋緊蓋子。飲料最好在 80℃左右的高溫。
3. 在電極上連接外部電源，進行約一分鐘的電解。

結果

電極周圍會產生大量的氣泡。一方為氧氣，另一方則為氫氣。

$$2H_2O \rightarrow 2H_2 + O_2$$

專欄　◇ 更深入的實驗

　　根據上述這項實驗，由於電極會形成電氣二重層（electric double layer），因此不可以將電極的正極與負極搞混，接下來只要試著連接蜂鳴器，應該就可以聽到美妙的旋律。只需要一個電解後的盒子就能夠使蜂鳴器作動，而LED 燈則需要串聯兩個盒子才能夠亮起，因為需要約2V才能點亮LED燈，所以必須串聯兩個盒子。馬達則必須並聯兩個串聯的盒子，合計需要四個盒子才能運轉。僅搭載馬達的模型車必須連接六個盒子，也就是兩個串聯、三個並聯才能行走。

實驗 ② 利用竹炭電極進行電解

準備物品

底片盒等小盒子、手動發電機（如果沒有，可以用充電器或是 SONY S-006P 9V 的乾電池）、將竹籤蒸烤過或是各種竹子蒸烤過後變成的竹炭、咖啡凍或是高分子吸收劑等、咖啡粉、紫薯粉。

★ 想要更深入實驗需準備的物品：蜂鳴器、LED、模型馬達。

實驗步驟

1. 用橡皮筋等物品固定住夾在兩片竹炭之間的絕緣材料，並將其放入盒子內。

2. 將咖啡凍或是高分子吸收劑混入咖啡粉，將其當作電解液或是凝膠電解質，並且注入至盒子一半的高度。這樣就完成了。
3. 連接電源，進行電解。

結果

電極處會產生泡泡，那些是氫氣與氧氣。

將紫薯粉與高分子吸收劑混合，如果有水在內，就會藉由電解而產生如下的反應：

正極：$2H_2O \rightarrow 4H^+ + 4e^- + O_2 \uparrow$

負極：$4H_2O + 4e^- \rightarrow 4OH^- + 2H_2 \uparrow$

可以得知正極會產生酸性的 H^+，溶液會變成紅色；負極會產生鹼性的 OH^-，溶液會變成綠色。而變色的原因是因為有紫薯粉作為酸鹼指示劑。

專欄 ◇ **更深入的實驗**

試著連接LED或是馬達等，注意避免弄混電極的正極與負極。進行電解後，只要一組竹炭電解水就可以讓馬達轉動、讓模型車行走，但是LED燈就必須串聯兩組才能夠亮起。

從上述這個實驗我們可以知道：

如果只想用水進行電解，必須要有 9 V 以上的電壓才能夠進行，但是如果有電解質，則只需要 5 V 左右就可以進行電解。

MEMO

從焦耳定律到能量守恆定律

詹姆斯‧普雷斯科特‧焦耳
（James Prescott Joule，一八一八～一八八九年）

？ **詹姆斯‧普雷斯科特‧焦耳是誰？**

　　英國物理學家詹姆斯‧普雷斯科特‧焦耳（James Prescott Jules，以下簡稱焦耳）為曼徹斯特近郊一名富裕釀酒師的次子。他終其一生都未於大學等地方進行過正式的研究工作，而是在經營家庭釀酒業時順帶從事相關研究。他發現了「焦耳定律」並闡明熱功當量，為熱力學發展做出相當大的貢獻，因而用他的名字焦耳（Jules）作為熱量單位。

　　由於他體弱多病，所以並未接受過任何正規的學校教育，僅在家中透過家教學習，其中一名家教就是因原子理論而聞名的約翰‧道爾頓（John Dalton）。成年後，他一邊繼承家業從事釀酒工作，一邊在家中改建的一間研究室進行實驗。

焦耳定律是什麼？

焦耳對電流相當感興趣，他因指出電能會轉化為熱量而備受矚目。焦耳使用伏打電池，讓電流通過放置在水中的電線，並進行測量水溫上升的實驗。結果發現，由電流所產生的熱量 Q 會與通過電流 I 的平方以及導體的電阻 R 成正比（$Q = I^2R$）。該結果在英國皇家學會中發表（一八四〇年）。此外，他也將其發表在《哲學雜誌》（*The Philosophical Magazine*）中，而被稱作「**焦耳定律**」。

能量守恆定律是什麼？

藉由伏打電池的確可以依循「焦耳定律」獲得熱能，然而問題是，該熱能從何而來。當時有兩種說法：**熱質說**（caloric theory）的觀點認為熱能是一種物質；**熱動說**（On the Dynamical Theory of Heat）則認為熱能是運動而來的。

一八四五年，焦耳進行了一項藉由砝碼重量使水中扇葉轉動的實驗，隨著扇葉轉動測量到水溫有上升的情形，故進行相關發表。第二次發表（一八四七年）時，因為司儀做了一個簡短的說明而受到眾人關注。發表結束時，威廉・湯姆森（William Thomson）起立表示對該內容深感興趣，在此機緣下，焦耳開始與湯姆森密切往來。一八四九年所進行的葉輪實驗則是在麥可・法拉第的介紹下在皇家學會中發表，隔年，焦耳成為皇家協會的會員。

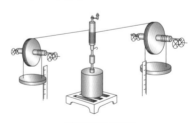

扇葉轉軸實驗

📖 Let's 重現！～實際做個實驗確認看看吧～

早在很久以前，人們就經常用電烤麵包進行理科實驗，然而因為當時使用的是不鏽鋼板，所以電烤完的麵包往往會因為鉻鎳等金屬而發生染綠等問題。

許多實驗書中會特別寫出應去除該部分後再行食用，不過本書在此想要介紹的是運用鐵板進行的安全實驗。

領域 物理・化學	Level ☆☆

試著用電來烤麵包吧！

準備物品

牛奶盒或印表紙等、鐵板（大創等日式平價商店販售的烤魚用鐵盤之類的）、電力量測儀、導線、長尾夾、鬆餅粉（40 g）、水（40 mL）、紫薯粉、檸檬、剪刀、迴紋針。

製作步驟

1. 剪開牛奶盒之類的容器，只留下下半部，使其成為高度約 12 cm 的容器（也可以用印表紙自行製作容器）。
2. 將鐵板或鐵盤放在卡式爐上燒烤，讓鐵板上的塗漆層確實溶解。這樣一來，鐵板就會變得非常薄，且可以用剪刀輕鬆剪開。
3. 搭配牛奶盒尺寸，將烤好的鐵板用剪刀剪出約 6.5 × 12 cm，當作電極板。
4. 將鐵板擺放在容器的相對兩側，並用迴紋針確實固定住。
5. 切除電源線的插頭，去除電線前端的絕緣塑膠膜後，裝上迴紋針。
6. 將 40 g 的鬆餅粉加入 40 mL 的水後，放入容器內。
7. 串聯電烤麵包機主體與電力量測儀（當作電流計使用）。

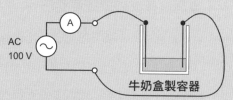

電力量測儀

AC
100 V

牛奶盒製容器

實驗步驟

1. 將電烤麵包機的 110 V 插頭插入家用 110 V 插座。
2. 持續烤到流經電力量測儀（電流計）的電流為 0。

結果

　　鬆餅麵糊在液體狀態下，可以作為電解液幫助電流流動，並且發生焦耳加熱現象，最後就會將麵包烤成海綿狀。鬆餅麵糊會產生二氧化碳與水蒸氣，藉此將麵包電烤成海綿狀。

　　水分會因為沸騰而蒸發，待電解液中的水分消失後，電流就無法流動。這樣一來，麵包就電烤完成了。

解說

　　將電極間的鬆餅麵糊當作電解液，可以幫助電流流通。由於會有電阻，因此會發生「焦耳加熱現象」，鬆餅麵糊會幾乎呈現為沸騰狀態，因而產生水蒸氣。鬆餅麵糊在液體狀態下可以通電，但是烘烤完成後會變成固體，電流就無法流動。這時，焦耳加熱現象也會停止，溫度下降。

　　鬆餅麵糊中含有小蘇打粉，也就是碳酸氫鈉（$NaHCO_3$），加熱後會分解成碳酸鈉、水以及二氧化碳。

$$2NaHCO_3 \rightarrow Na_2CO_3 + H_2O \uparrow + CO_2 \uparrow$$

　　水變成水蒸氣時，會膨脹一千七百倍，還會產生二氧化碳，使得麵包的生麵團柔軟、膨脹。

　　附帶一提，這時產生的碳酸鈉是強鹼。因此，在鬆餅麵糰中加入紫薯粉，就會烤出草綠色，這種狀態可以視為碳酸鈉造成的鹼性呈色反應。

　　在電烤完成的紫薯麵包生麵團中，淋上檸檬汁就會變成粉紅色，表示已經變成酸性。

🔳 從上述這個實驗我們可以知道：

電流通過導體時，會出現「焦耳加熱效應」。電解質水溶液可視為導體，但是一旦沒有水分就會成為絕緣體，這時，「焦耳加熱效應」會出現停滯的情形。

MEMO

28 廷得耳效應

約翰・廷得耳
（John Tyndall，一八二○～一八九三年）

❓ 約翰・廷得耳（或是約翰・丁達爾）是誰？

　　約翰・廷得耳（以下簡稱廷得耳）是一名愛爾蘭出身的物理學家、登山家，他從事紅外線放射（溫室效應）以及抗磁性體相關研究。一八二四年，約瑟夫・傅立葉（Joseph Fourier）曾以理論方式預測地球大氣的溫室效應，到了一八六五年，廷得耳以實驗方式確認此事。除了二氧化碳，水蒸氣也會造成溫室效應──這件事情在傅立葉辭世後三十年才確認。一八九六年，在廷得耳提出報告的三十年後，研究冰河期為何存在的斯萬特・阿瑞尼斯（Svante Arrhenius）提出了二氧化碳與溫室效應的關聯性報告。

　　為了研究冰川，廷得耳於是以物理學家身份前往了阿爾卑斯山。

🔖 在發現廷得耳效應之前

　　太陽被雲遮蔽時，光線會從雲隙或是邊緣滲透出來，被稱作「**薄明光線**」的光線柱看起來會以放射狀投射至地面，這是身邊常見的一種「廷得耳效應」。相反的，也有從雲隙朝上空投射的光線。通常在早晨或是傍晚，太陽與地面角度較低時可見，亦被稱作雅各的天梯（Jacobs Ladder）、天使的階梯、光芒、林隙光、雲隙光（Crepuscular Ray）等，相當受到攝影愛好者們的歡迎。

　　雅各的天梯、天使的階梯等名稱來自於，《舊約聖經·創世記》第二十八章十二節。雅各在夢中看到一座彷若從雲隙間出現的光亮階梯從天空延伸到地面，天使們在梯子上來回走動。林布蘭光（Rembrandt lighting）這個名稱則因為林布蘭·哈爾曼松·范·萊因（Rembrandt Harmenszoon van Rijn）熱愛描繪這些光線而來。他的畫作強調迎光面與陰影面的對照，成功呈現出非日常的氛圍與宗教人士所謂的神蹟感。宮澤賢治用「以光做成的管風琴」來描述該現象。

雅各的天梯，天使的階梯　　　　　　加利利海的風暴

🔖 廷得耳效應原理是什麼？

　　「廷得耳效應」是指當光線通過膠體粒子（colloid），光會出現散射現象，因此用肉眼就可以看到光的行走路徑。一八六一年，蘇格蘭的湯瑪士·格雷姆（Thomas Graham）發現澱粉及蛋白質等粒子在水中的擴散速度較為遲緩，將其命名為「膠體」。膠體粒子係指直徑約為 1 nm（10^{-9} m）～ 100 nm 的微粒子。當光通過膠體的分散系

（dispersed system），就會出現「廷得耳效應」，原因是光會因為「**米氏散射（Mie scattering）**」而被散射出去。

「米氏散射」是指球形粒子的大小在超過光線波長的狀態下，會出現的一種光散射現象。散射強度不會隨著波長改變。隨著粒子尺寸變大，往前方的散射才會變強，向後方或是側邊的散射則會減弱。例如：構成雲的雲粒半徑尺寸約為數 10 μm，因此太陽光的可視光線波長就是米氏散射的區域，在可視區域的太陽光線放射，不論在任何一段波長區域幾乎都會以相同方向左右散射，因此看起來會是一片白光。當球形粒子大小在光波長的 1/10 以下時，則會出現散射強度與波長四次方成反比的「**瑞利散射（Rayleigh scattering）**」，蔚藍的晴空、橘紅的夕陽等都可以用瑞利散射來說明。

※審訂註：可參考網站 https://www.coursera.org/learn/ji-chu-guang-xue

▊ Let's 重現！～實際做個實驗確認看看吧～

實驗 1　　　　　　　　　　　　　領域 物理　Level ☆

讓光線進入布滿灰塵的房間吧！

準備物品

　板擦、粉筆、線香的煙、瓦楞紙箱、黑紙、膠水、保鮮膜（或是透明塑膠袋）、雷射筆、口罩、實驗用護目鏡。

製作步驟

1. 在瓦楞紙箱內側貼上黑紙。
2. 為了觀察內部狀況僅開啟其中一面，將該面作成一個觀景窗並用保鮮膜或是透明塑膠袋蓋住。
3. 在瓦楞紙箱觀察面的側邊，挖出一個能讓光線透進去的小孔洞。

實驗步驟

1. 穿戴好口罩與實驗用護目鏡後，在黑板上寫字，再用板擦擦掉。將該板擦放入製作好的箱子內，拍打板擦使內部產生煙霧，再蓋回保鮮膜或是塑膠袋。
2. 將雷射光線照射在煙霧上（也可用線香的煙霧進行實驗）。

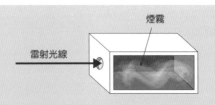

煙霧

雷射光線

結果

可以從側面觀察到雷射光線的路徑。

實驗 ②

試著製作膠體溶液，讓光線透射過去吧！

準備物品

水槽（也可以使用燒杯或是汽水的寶特瓶，只要是方便從側邊觀察的容器即可）、水、鮮奶、肥皂、雷射筆、實驗用護目鏡。

實驗步驟

1. 穿戴好實驗用護目鏡後，將數滴鮮奶混入水中，即可完成膠體溶液。
2. 用雷射光線照射膠體溶液。
3. 再用肥皂水取代鮮奶，同樣也用雷射光線照射。

鮮奶

水

雷射筆

結果

可以從側面觀察到雷射光線的路徑。

領域 物理・化學　　**Level** ☆☆

試著讓光線透射過非液體也非氣體的明膠吧！

準備物品
明膠、透明果凍盒、水、雷射簡報筆、實驗用護目鏡。

實驗步驟
1. 將明膠用 25℃以上的溫開水溶解。
2. 放入透明果凍盒，使其冷卻凝固。
3. 用雷射光線照射固態的明膠。

結果
可以從側面觀察到雷射光線的路徑。

🔳 從上述這個實驗我們可以知道：

光線散射的方式會因為粒子的尺寸大小而有所改變。發生「米氏散射」時，可以視為是一種「廷得耳效應」。

MEMO

29 電話

亞歷山大・格拉漢姆・貝爾
（Alexander Graham Bell，一八四七～一九二二年）

? 亞歷山大・格拉漢姆・貝爾是誰？

亞歷山大・格拉漢姆・貝爾（以下簡稱貝爾）是一名出生於蘇格蘭愛丁堡的科學家、發明家、工程師。十二歲時，母親逐漸失聰，他用手語同步協助翻譯對話，學校方面則因為他曠課而將他退學。一八七三年，貝爾在波士頓專攻音響實驗，他持續與對電氣非常熟悉的研究助理托馬斯・J・華生進行相關研究，並於一八七六年二月十四日提出專利。以利沙・格雷（Elisha Gray）也在同一天提出專利申請，僅晚了約兩小時。一八七六年三月三日專利獲證，並於三月七日公告、三月十日進行電話實驗，當時他說了一句：「Mr. Watson! Come here; I want to see you!」後來，海倫・凱勒（Helen Adams Keller）也向其表示感謝之意：「格拉漢姆老師如同父親般照顧我。」

在發明電話機之前

在電話出現之前，人們曾藉由水管等方式將聲音傳播至遙遠的地方。英國人虎克在一六六四～一六六五年間曾進行一種在鐵鉤上穿過緊繃的鐵絲，藉此傳遞聲音的實驗，並於其在一六六五年出版的《顯微鏡圖譜》序文中介紹。他在一六六七年發明了一種類似前述的傳聲裝置，隨後發明成在金屬罐之間以棉線或是鐵絲連結可以讓人們遠距通話的「錫罐電話（tin can telephone）」或是「情人電話（lovers phone）」而廣為人知，十九世紀末使用棉線將聲音以物理方式傳遞至遠方的聲頻電話（acoustic telephone）開始在歐美地區販售。

同一時期還有許多人進行電力相關實驗，因而衍生出電話發明大戰。從十九世紀中到十九世紀末，包含收音機、電視、燈泡、電腦等都曾出現過非常激烈的發明大戰。安東尼奧‧穆齊（Antonio Santi Giuseppe Meucci）、以利沙‧格雷、亞歷山大‧格拉漢姆‧貝爾，湯瑪斯‧愛迪生等皆參與其中。一八七六年三月三日，美國專利商標局（USPTO）判定第一個電氣式電話機的專利為貝爾所有，成為電話機的基礎專利，從此之後衍生出各種機器以及功能相關的專利。待貝爾的專利權失效後，許多電話公司如雨後春筍般出現，然而此時激烈的競爭氛圍已經消失。

電話機的原理是什麼？

電話是**藉由電話機，將聲音轉變為電子訊號，並且透過電話線路，讓遠距人們可以對話的電子通訊系統**。現代的電話線路是利用電話交換機使得各國之間得以互相連接，並不限於固定電話之間的通話，而是可以透過行動電話（汽車行動電話）、衛星電話等移動通訊、IP 電話等進行通話。

早期的類比訊號電話是透過麥克風或是話筒將電流變化轉換為聲音，因此會將電流的變化當作資訊傳送出去。數位式電話則是以在送電路徑上的資訊發送效率為優先，頻率的調變或是解調路徑變得更為複雜，但是資訊量以及通訊品質也變得更佳。

▊ Let's 重現！～實際做個實驗確認看看吧～

實驗 1

領域 物理　　Level ☆

來做一個紙杯傳聲筒吧！

準備物品

紙杯（兩個）、棉繩、透明膠帶。

製作步驟

1. 用透明膠帶將棉繩確實貼在紙杯底部。

實驗步驟

1. 一個人對著其中一個紙杯說話。
2. 另一個人則將另一個紙杯放在耳朵旁邊聽話。
3. 試著互相說話、聽話。

結果

　　如果只有數公尺，應該可以輕易聽到聲音。如果再和其他的紙杯傳聲筒連線，還可以大玩監聽遊戲，偷聽大家的對話內容。附帶一提，曾經有人測試用紙杯傳聲筒對話最遠的距離是多少，實驗結果顯示，如果狀況良好，距離可成功達到約 100 m。

實驗 2

領域 物理　　Level ☆☆

細長氣球電話

準備物品

紙杯（兩個）、細長型氣球。

製作步驟

1. 將細長型氣球充氣。
2. 割開紙杯底部，並將紙杯裝在細長型氣球的兩端，讓細長型氣球的兩端可以確實貼合紙杯底部。

實驗步驟

1. 一個人對著其中一個紙杯說話。
2. 另一個人則將另一個紙杯放在耳朵旁邊聽話。
3. 試著互相說話、聽話。

結果

　　和紙杯傳聲筒的狀況一樣，可以互相說話、聽話。因為氣球可以彎曲，所以也可以聽到自己的聲音，並確認氣球振動的情形。

實驗
③
　　　　　　　　　　　　　　　　　　領域 物理　　Level ☆☆
回音電話

準備物品

紙杯（兩個）、緩衝彈簧、依需求選擇適合的寶特瓶。

製作步驟

1. 用透明膠帶將緩衝彈簧確實黏貼在紙杯底部。
2. 如果彈簧會緩緩向下垂，就用寶特瓶製作成一個隧道，先把彈簧放入寶特瓶內，再安裝於紙杯底部。

實驗步驟

1. 一個人對著其中一個紙杯說話。
2. 另一個人則將另一個紙杯放在耳朵旁邊聽話。
3. 試著互相說話、聽話。

結果

　　和紙杯傳聲筒的狀況一樣，可以互相說話、聽話，也可以聽到回音。

實驗
④
　　　　　　　　　　　　　　　　　　領域 物理　　Level ☆☆
裝有二氧化碳的 1 m 巨大氣球電話

準備物品

巨大氣球（1 m 左右大小）、二氧化碳。

實驗步驟

1. 在巨大氣球內灌入二氧化碳，兩人互相面對面。
2. 其中一位在氣球旁説話。
3. 另一位在氣球旁側耳聽話。
4. 試著互相説話、聽話。

結果

和紙杯傳聲筒的狀況一樣，可以互相説話、聽話。

解說

因為二氧化碳中的音速會比空氣中的音速來得慢，所以二氧化碳氣球具有聲波的凸透鏡效果，使得聲音不會擴散，因此可以利用氣球進行通話。相反地，氦氣中的音速則會比在大氣中的來得快，所以會產生凹透鏡效果，對裝有氦氣的氣球説話時，聲音就會被擴散出去。

▌ 從上述這個實驗我們可以知道：

在紙杯傳聲筒實驗中，聲音會震動紙杯底部，這個振動會藉由棉線傳送，使得聽話端的紙杯底部跟著震動，變成空氣振動後就會震動到耳膜（鼓膜），進而被辨識為聲音。

MEMO

白熾燈泡

湯瑪斯・阿爾瓦・愛迪生
（Thomas Alva Edison, 一八四七～一九三一年）

? 湯瑪斯・阿爾瓦・愛迪生是誰？

　　湯瑪斯・阿爾瓦・愛迪生（以下簡稱愛迪生）為一名出生於美國俄亥俄州的發明家、企業家。小學只上了三個月就休學，當數學課教到「1＋1＝2」，他提出「明明會變成一個大黏土，為什麼會是兩個？」的疑問，讓老師感到相當困擾。一八七七年以留聲機商品化為首，電話、鐵路電氣化、礦石分離裝置、白熾燈泡等發明也陸續商品化。一八八七年，他搬遷至紐澤西的西奧蘭治實驗室，並設立「黑瑪利亞攝影棚（Edisons Black Maria）」，開始製作黑白電影。他與汽車大王──亨利・福特（Henry Ford）為至交好友。愛迪生曾留下一句名言「Genius is one percent inspiration, 99 percent perspiration（天才是1%的天份加上99%的努力）」。

▉ 在發明白熾燈泡之前

　　光明原本必須來自「篝火」或是「火把」等物品，後來演變成將油倒入石器或是土器等容器後作成油燈，當時也會使用蠟燭等物品。一七九二年，煤氣燈發明，一八○○年左右煤氣燈開始普及，一八○八年，又有更明亮的弧光燈發明。一八七九年，英國的**約瑟夫‧斯萬**（Joseph Wilson Swan）發明**白熾燈泡**，而愛迪生也幾乎在同一時期將白熾燈泡商用化。沒想到可以僅在一百年內，就從想要有光明必須點燃火苗才行，搖身一變發展成可以運用電能發光的時代。這件事情的推手正是愛迪生。

▉ 白熾燈泡的原理是什麼？

　　全世界最早發明白熾燈泡的人並不是愛迪生，而是由英國的斯萬先生在一八七九年二月所發明的，然而，斯萬所發明的白熾燈泡壽命太短了。要讓白熾燈泡發光，就必須要提高鎢絲（filament）的溫度才行，但是當時的鎢絲往往會立刻被燒掉。一八七九年十月二十一日，愛迪生三十二歲時，完成了愛迪生版的白熾燈泡。鎢絲最早是一種在棉線上塗抹混合煤炭與焦油的物質並使其炭化後的產物，壽命約為四十五小時，但想要廣泛被各個家庭採用，必須要有便宜且發光持續時間更長的燈泡才行。為了解決這個問題，改良鎢絲相當重要。愛迪生為了尋找鎢絲材料煞費苦心，他使用了六千種類的材料進行炭化實驗。某天，他看到桌上的竹扇，於是便用竹子當作鎢絲試試看，沒想到燈竟然亮了兩百小時。之後，愛迪生便派了二十名調查員前往世界各地採集竹子。

　　一八八○年，愛迪生的研究助理威廉‧摩爾（William‧H‧Moore）前往日本，與日本首任閣揆伊藤博文會談時，伊藤博文曾提及當時京都府八幡市（男山周圍）有很多品質良好的竹子。八幡的真竹纖維被認為非常強韌，常用於製作工藝品或是刀劍的刀鞘。而使用八幡真竹作為鎢絲的白熾燈泡竟然可以持續亮超過一千兩百個小時。因此，直到一八九四年為止，持續十年以上，八幡的竹子都被運送至愛迪生電燈公司。

　　最初，白熾燈泡內部是真空的，之後為了抑制鎢絲蒸發而加入氩

（Argon）等惰性氣體。

此外，由於白熾燈泡太過刺眼，而後又發明了鹵素燈泡。但是，電能量過高時，鹵素燈泡會發熱而造成無謂的能量浪費，所以後來又出現了螢光燈，現在照明的工作則交棒給 LED 燈。

一八九〇年，日本成立第一個製造白熾燈泡的公司——白熱舍。白熱舍後來改名為東京電氣，東京電氣與芝浦製作所合併後成為「東京芝浦電氣（現·東芝）」。一九三六年，松下幸之助在大阪·豐崎（大阪市北區）設立「National 電球株式会社」，開始製造白熾燈泡。

為了防止地球暖化，日本政府於二〇〇八年起呼籲日本國內大型家電製造商，在二〇一二年之前停止製造電力消耗較高的白熾燈泡。

■ Let's 重現！～實際做個實驗確認看看吧～

	領域 物理·生物	Level ☆☆
實驗 ①	試著自製竹炭鎢絲吧！	

準備物品

竹籤、鋁箔紙、剪刀、卡式爐、單顆型乾電池（七顆）、強力磁鐵（釹鐵硼磁鐵）、導線。

製作步驟

1. 將竹籤剪成每段約 3～4 cm，將鋁箔紙用捲壽司的方式包裹住竹籤，並扭緊其中一側。

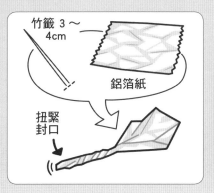

竹籤 3～4cm
鋁箔紙
扭緊封口

2. 用卡式爐蒸烤已被鋁箔紙包裹住的竹籤。這時用手觸摸另一側呈開啟狀的鋁箔紙時，應該不會感覺到熱度。
3. 蒸烤完後，剝除鋁箔紙，只要烤好的竹炭與備長炭互相敲打時會發出鏘鏘的聲音就完成了。如果沒有發出鏘鏘的聲音，就再用鋁箔紙包裹重烤一次。電阻約為 100 Ω。

實驗步驟

1. 將烤好的竹炭兩端連接導線。
2. 使用強力磁鐵串聯七顆乾電池。
3. 使用導線將乾電池連接在竹炭兩端，並給予電壓。

結果

給予 10 V 左右的電壓，讓竹炭通電後就會亮起，最終燃燒殆盡。將六顆乾電池串聯在一起會變成 9 V，也可以串聯七顆乾電池。雖然市面上也有販售 SONY S-006P 的 9 V 乾電池，但是有時候電量還是會不足，因此建議使用電壓較小的 1.5V 單顆乾電池串聯。

實驗 2　　　　　　　　　　　　領域 物理　　Level ☆☆

用鉛筆或自動筆芯來當鎢絲

覺得用竹籤製作鎢絲很麻煩的人也可以改用自動鉛筆芯或是鉛筆筆芯當作鎢絲。除此之外，將生義大利麵條或是烏龍麵條用鋁箔紙包住蒸烤後，也可以當作鎢絲使用。

準備物品

自動鉛筆芯、導線、單顆型乾電池（七顆）。

實驗步驟

1. 將導線連接在自動鉛筆芯的兩端。
2. 使用強力磁鐵串聯七顆乾電池。
3. 使用導線將乾電池連接在自動鉛筆芯的兩端，並給予電壓。

結果

給予 10 V 左右的電壓後，自動鉛筆就會像鎢絲一樣發出紅光，最終燃燒殆盡。

解說

　　如果是要能夠商用化的鎢絲，就必須延長燃燒時間。愛迪生藉由讓燈泡內幾乎呈現真空、沒有氧氣的方法解決了這個問題。現在為了取代真空法，起初是先放入氮氣，之後又改用氬等氣體包裹住鎢絲，以預防其蒸發，試圖延長發光時間。

實驗 ③　　　　　　　　　領域 物理　　Level ☆☆

在二氧化碳或氦氣瓶中讓鎢絲通電

準備物品

　　果醬瓶、二氧化碳瓶、氦氣瓶、實驗①或是實驗②所使用的材料組合。

實驗步驟

1. 先將二氧化碳或是氦氣灌入果醬瓶中，在瓶中放入鎢絲後通電。確保瓶中沒有氧氣，並且確實栓好瓶口。

結果

　　因為沒有與氧氣接觸，鎢絲的壽命就可以維持得比較長久。

實驗 ④　　　　　　　　　領域 物理　　Level ☆☆

讓鎢絲在液態氮中通電

準備物品

　　果醬瓶、液體氮氣（必須特別準備）、實驗①或是實驗②所使用的材料組合。

實驗步驟

1. 在液體氮氣中放入鎢絲並通電。

結果

原本以為將鎢絲浸泡在水等液體中，鎢絲就不會發光，沒想到在比0℃溫度還低的液體中，竟然還會持續發光。當液體氮氣蒸發成氮氣氣體，便會包圍住鎢絲，由於持續處於被氣體包裹住的狀態，鎢絲無法與氧氣結合，壽命就可以維持得比較長久。

竹炭

啪!!

▉ 從上述這個實驗我們可以知道：

當電流流經具有電阻的物品，會因為發生「焦耳加熱」現象而發光，而該發光情形能夠維持多久則是白熾燈泡一直以來都必須面對的課題。

31 壓電效應

皮耶・居禮
（Pierre Curie, 一八五九～一九〇六年）

皮耶

瑪麗（居禮夫人）

？ 皮耶・居禮是誰？

　　皮耶・居禮（以下簡稱皮耶）是一名出生在巴黎的物理學家。哥哥雅克（Jacques Curie）也是一名物理學家。皮耶原本不愛上學，卻在十六歲時進入巴黎大學（索邦神學院），十八歲時取得大學學位，然而，由於財務拮据，無法繼續攻讀博士課程，他於是成為物理研究室的研究助理。一八八〇年，他與哥哥雅克一起發現了「壓電效應（piezoelectricity）」，隔年一八八一年，又確認了「反壓電效應（converse piezoelectricity）」現象。後來發現鐵磁性材料在溫度過高時，會失去其鐵磁性（ferromagnetism）的狀態，該溫度被稱作「居禮溫度」。

　　一八九四年，他與波蘭人瑪麗相遇，於一八九五年七月二十六日結婚。之後，兩人共同進行放射性物質研究，發現了釙（polonium）與鐳（radium）。

📭 發現壓電效應

一八八〇年，皮耶與雅克兄弟公開進行在結晶構造上施加外部力量使之變形後產生電極化而產生電壓的壓電效應（piezoelectric effect）實驗。該效應在電氣石（tourmaline）、石英、黃玉、蔗糖、酒石酸鉀鈉（KNaC4H4O6‧4H2O）等物品上都能展現效應，其中石英與酒石酸鉀鈉所展現出來的效應最好。然而，當時居禮兄弟還未注意到反壓電效應這件事情。一八八一年，加布里埃爾‧李普曼（Gabriel Lippmann）以數學公式導出反向壓電效應的可能性後，居禮兄弟直接將其用於壓電性結晶體，並且持續進行反向的壓電實驗，之後也確認了在施加電壓後，物質會產生形變的現象，稱作「反壓電效應」。有時這些現象會統稱為「壓電效應」。

會出現這種現象的物質稱作「壓電體（誘電體的一種），壓電素子（材料）可廣泛運用在打火機、瓦斯爐點火、聲納（SONAR）、揚聲器（speaker）等。壓電效應英文翻譯為 Piezoelectricity。語源是希臘語中具有「壓（press）」意思的 piezein（πέζειν）。

📭 壓電效應是什麼？

壓電效應是指水晶或是特定陶瓷等**壓電體受到來自外部力量導致形變後，而產生電壓的效應。**

在具有壓電性的結晶內，正負電荷會分離。原本整個結晶都屬於電中性（electrically neutral），但是受到外力影響發生形變時，電荷就會產生偏離現象。在 1cm 的石英立方體上正確施加 2 kN 的力量時，會產生 12,500 V 的電壓。相反地，施加電壓時，結晶體則會發生力學性的形變，並產生音波和電壓頻率，因此可應用於微量天平（microbalance）以及光學儀器的超微調聚焦等。除此之外，它也是許多科學測量技術的基礎，如：掃描穿隧顯微鏡（scanning tunneling microscope，STM）、原子力顯微鏡（atomic force microscope，AFM）、近場光學顯微鏡（scanning near-field optical microscope，SNOM）。

▚ Let's 重現！～實際做個實驗確認看看吧～

領域 物理・地球科學　**Level** ☆

摩擦就會發光的石頭

準備物品

　水晶原石或是庭園用玉石（皆可在家用五金行等處購得）或是冰糖。

實驗步驟

　1. 將兩顆水晶原石或是庭園用玉石在昏暗的房間內用力摩擦。

結果

　　會瞬間發光。

領域 物理・地球科學　**Level** ☆☆☆

手持式紫外線觀察箱

準備物品

　電子打火機、紫外線燈（4 W 或是 6 W）、導線、黑色泡棉膠、水性隱形筆、透明膠帶、尖嘴鉗、剪刀。

製作步驟

　1. 用尖嘴鉗分解電子打火機並取出壓電素子（材料），去除壓電素子（材料）導線上的絕緣膜後與導線連接，讓長度變長。
　2. 去除導線上的絕緣膜後，與壓電素子（材料）下方的金屬部分捲繞在一起，再用透明膠帶貼妥。
　3. 接著，製作小型的直方體觀察箱。大約是可放入明信片的尺寸，內側的標準尺寸為 11 cm × 16 cm × 3 cm。
　4. 組裝前，先以透明膠帶將紫外線燈黏貼在觀察箱的內側頂端。
　5. 為了可以窺視內部狀況，在朝向自己那一面製作出一個 1.5 cm 可以蓋起的孔洞。

6. 用透明膠帶將箱子組裝起來。打一個洞讓壓電素子（材料）電線的兩極可以由內向外伸出。
7. 確實將壓電素子（材料）黏貼在側面。

實驗步驟

1. 開啟壓電素子（材料）開關。
2. 將壓電素子（材料）安裝在右側或左側側面時，交互按壓開或關的開關。

結果

　　開啟壓電素子（材料）的開關後，紫外線燈管會瞬間亮起。將壓電素子（材料）安裝在右側或左側側面時，交互按壓開或關的開關並持續觀察。用水性隱形筆寫下的文字在明亮處時什麼都看不到，但是在紫外線燈下卻會散發出螢光，並且浮現出文字。讓我們試著寫下「恭喜」之類的文字訊息吧！

實驗 ③　　　　　　　　　　　　　領域 物理　　Level ☆

用鞋子發電！

準備物品

壓電揚聲器（3 cm 左右）、白光 LED 燈、500Ω 電阻、鞋墊（兩片，可在大創等平價商店購得）、導線、雙面膠、透明膠帶。

實驗步驟

1. 將壓電揚聲器導線與 500 Ω 電阻扭轉在一起，前端與導線連接，正極側連接白光 LED 燈的正極，負極側連接 LED 燈的負極，在連接處纏繞透明膠帶作為補強。
2. 將壓電揚聲器以透明膠帶黏貼在鞋墊內側並放入鞋內。
3. 試著走一走、跳一跳。

結果

　　每當走路或是跳躍，就會因為有壓力施加在壓電素子（材料）上而使 LED 亮起。因此，即使夜晚出門慢跑也可以很安心！

領域 物理　Level ☆☆☆

實驗 4　用發電地板發電！

　　期待藉由地板震動產生震動發電，作為解決環境問題之一。讓我們試著製作一個會發電的地板，以環保的方式發電吧！

準備物品

　　切割墊（A4 尺寸）、巧拼地墊（比 A4 紙大的大小）、壓電揚聲器（3 cm× 十六個）、多顆白色 LED、橋式真空管（二極體，DF06M，如果沒有也可以改用 500Ω 電阻，十六個）、導線、箔用接著劑、透明膠帶、銲料、銲鐵。

製作步驟

1. 在十六個壓電揚聲器的正中央，用箔用接著劑做出緩衝，並安裝橋式真空管（二極體）。
2. 將八個壓電揚聲器串聯在一起，共作成兩組。
3. 將前述步驟製作好的東西黏在切割墊上。
4. 分別將從兩個迴路輸出用的導線連接，再放在巧拼地墊下方，就完成了。

巧拼地墊

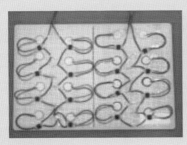 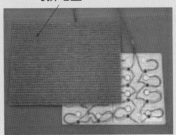

實驗步驟

1. 試著踩在壓電地板上。

結果

　　踩在壓電地板上，施加壓力給壓電素子（材料）後，LED 燈就會亮起。

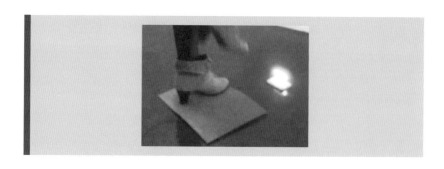

▚ 從上述這個實驗我們可以知道：

當我們從外部對一些特殊的結晶體施加壓力，結晶體會因形變而產生電壓。

弗萊明定則

約翰・安布羅斯・弗萊明
（Sir John Ambrose Fleming, 一八四九～一九四五年）

? 約翰・安布羅斯・弗萊明是誰？

約翰・安布羅斯・弗萊明（以下簡稱弗萊明）是一名英國電氣工程師、物理學家。弗萊明畢業後曾在大學以及一般企業中工作，曾經任職過馬可尼無線電信公司、費蘭提電信公司、愛迪生電信公司幾家公司，後來擔任愛迪生電燈公司等公司的企業顧問。一八九二年，他向倫敦英國電氣工學會提出關於變壓器的重要理論，並於一九〇四年發明真空管（二極體）。

▊ 在弗萊明定則的想法出現之前

　　一八八四年左右，弗萊明在倫敦大學教書，某次他在電磁感應課堂上發現學生無法理解「因電流所發生的磁場」與「因磁場所發生的電流」關係，這時他所想到的導引方法就是用手指比出直角，並且將指頭朝三個方向張開，三隻手指頭分別對應著電磁感應與電磁力。現在該手勢被稱作「**弗萊明右手定則**」以及「**弗萊明左手定則**」，且已廣泛流傳至許多國家。

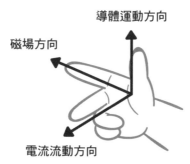

▊ 弗萊明右手定則是什麼？

　　「弗萊明右手定則」是用來表示導體運動於磁場內所產生的電動勢（電磁感應）方向。張開右手的中指、食指、拇指，讓三指互相成直角關係時，「中指所指的方向」表示導體因為電動勢所產生的電流流動方向；「食指所指的方向」表示磁場的方向；「拇指所指的方向」表示導體的運動方向。然而，在電磁感應現象方面用來表示發生的電動勢方向法則，還有同樣使用右手表示的「冷次定律」。我們可以藉由右手，以更直觀的方式說明感應電動機或是渦電流煞車（Eddy Current Brake）等，亦可單稱為「右手定則」。

　　據說一開始其實是用「貓的右手」來說明，將拇指以外的其他手指像貓爪一樣伸出，當電流如圖方向流經右手四指蜷曲的方向時，拇指方向就會成為 N 極。

電流方向

電磁線圈中的
磁力線方向

弗萊明左手定則是什麼？

「弗萊明左手定則」是一種用來表示在磁場內流動的電流導體會發生電磁力現象時，各個方向關係的方法。張開左手的中指、食指與拇指立起，讓三指互相成直角關係時，「中指所指的方向」表示導體上流動的電流方向；「食指所指的方向」用來表示磁場面向（面向 N 極）；「拇指所指的方向」用來表示導體的運動方向。

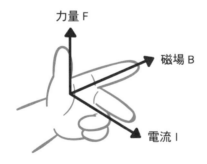

力量 F

磁場 B

電流 I

此外，也可以方便記住導體中荷電粒子所承受的力量，也就是所謂的勞侖茲力方向。勞侖茲力 F 是指帶電量 q 的帶電粒子以速度 v 在大小為 B 的磁場下運動所產生的力，使用外積，公式可表示為：

$$F = q(v \times B)$$

此外，帶有電流 I 的導體，單位長度所受的勞侖茲力可表示為：
$F = I \times B$。
假設磁場中的導體長度為 l，則導體所承受的力量為：
$F = I \times Bl$。

▓ Let's 重現！～實際做個實驗確認看看吧～

　　線性馬達（直線電動機）是一種採用線性動能的馬達。驅動時，移動體會依循弗萊明左手定則運作。讓我們透過實驗，學習線性馬達的原理，試著挑戰自行組裝一台線性馬達動力車吧！

實驗 ①　DVD 盒線性馬達實驗

領域 物理　　Level ☆☆

準備物品

　　DVD 盒、磁鐵（平面分別為 N 極與 S 極，最好採用強力磁鐵）、稍微較粗且不易彎折的導線（銅或是黃銅皆可）兩根、引線（漆包線亦可）、不會與磁鐵相吸的金屬短棒（硬焊棒或是銅線）、雙面膠、三號乾電池、手動發電機。

製作步驟

1. 以雙面膠黏貼並固定四到六顆磁鐵在 DVD 盒等的底部，將磁鐵上方全部黏好雙面膠，並用兩根粗導線固定。
2. 分別將兩根粗導線與引線（漆包線亦可）連接（若使用漆包線的話，可先用磨砂紙磨擦，使其露出金屬表面）。
3. 分開兩根粗導線，放置在一根沒有與磁鐵連接的金屬短棒上。

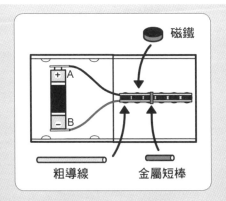

磁鐵

＋A

－B

粗導線　　　　金屬短棒

實驗步驟

1. 將迴紋針分別勾在兩條引線上當作電極。再用迴紋針代替開關，與乾電池連接。

結果

　　當電流流經線性馬達，電流就會在兩根長型的軌道狀導線上流動。且線性馬達能夠驅動短棒。

專欄　◇ **實驗①的磁鐵上方是 N 極還是 S 極？**

　　讓我們利用「弗萊明左手定則」來思考磁鐵上方是N極還是S極吧！
　　在實驗①A上連接電池的正極，在B上連接電池的負極，短導線移動至右側時，磁鐵下方為N極。將乾電池的正負極對調，棒狀線性馬達會往相反方向移動。

實驗
②　　　　　　　　　**領域** 物理　　**Level** ☆☆☆

磁浮列車（線性馬達車）

準備物品

　　DVD 盒、線性馬達，吸管（3 cm）、紙、不會與磁鐵相吸的金屬短棒（硬焊棒或是銅線，兩根）。

實驗步驟

1. 將厚紙對折，畫出一台電車的樣子。
2. 挖空電車圖片的車輪處。
3. 將兩根短銅線當作車輪放在線路上。
4. 將電車車底擺放在用來當作車輪的銅線上。
5. 連接電池。
6. 反接電池的正負極。
7. 可以試著連接手動發電機來取代電池，轉動方向盤。此外，也可以試著逆向轉動。

線性馬達車

結果

　　連接電池可以決定驅動的方向，電池逆接時會往相反方向驅動。連接手動發電機的實驗，也會得到相同的結果。

┗■ 從上述這個實驗我們可以知道：

　　根據「弗萊明左手定則」，可以讓我們實際感受到棒狀線性馬達以及磁浮列車（線性馬達車）的前進與後退。

目前普遍使用的馬達

尼古拉·特斯拉
（ Nikola Tesla, 一八五六～一九四三年）

? 尼古拉·特斯拉是誰？

　　尼古拉·特斯拉（以下簡稱特斯拉）與愛迪生是同一時期的電力工程師，兩位都是才華橫溢的發明家。說到電機的發明，在歷史上可以列舉出許多位發明家，但是在此想要特別介紹一下愛迪生的競爭對手特斯拉先生。他擁有許多發明，包含交流電方式、無線操縱、螢光燈，以及以空中放電實驗而廣為人知的特斯拉電磁線圈等，他還在磁場單位「Tesla（T）」留名。特斯拉一八五六年出生於克羅埃西亞，一八八二年成功開發感應馬達（induction motor），一八八四年，赴美被愛迪生的電燈公司聘僱，卻因提出交流電而與欲發展直流電的愛迪生對立，最後丟掉工作。一八八七年四月，成立特斯拉電燈與電器製造公司（Tesla Electric Light & Manufacturing），獨力推動交流電的電力事業。

■ 在發明馬達之前

一八二一年，法拉第發明了稱為「法拉第馬達」的單極馬達（homopolar motors）。一八二七年，匈牙利的耶德利克・阿紐什（Jedlik Ányos）開發出利用電磁作用旋轉的裝置——「lightning-magnetic self-rotors（閃電磁性自轉子）」，並作為大學授課用的教材。一八八二年，成功進行世界第一個結合定子（Stator）、電樞（Armature）、換向器（commutator）等兼具實用性的直流電動機實驗。

■ 具實用性的馬達

世界第一個被當作動力來源使用的換向器式（整流子）直流電動機是由英國威廉・斯特金（William Sturgeon）於一八三二年所發明。一八三七年，美國開發出每分鐘最高六〇〇轉速的馬達，當時的電源只有電池，而且也還沒有電網。一八七三年，澤諾布・格拉姆（Zénobe Théophile Gramme）偶然發現連接兩台發電機時，其中一台所發出的電力可以驅動另一台電動機。一八八六年，法蘭克・朱利安・史伯格（Frank Julian Sprague）發明了即使電荷有所變化也能維持一定轉速，卻不會發出火花的直流電動機。於是，一八八七年在美國維吉尼亞州里奇蒙出現了路面電車；一八九二年出現了電梯並且在伊利諾州的芝加哥出現了集中控制系統的電動式地下鐵（通稱Chicago L）。一八八八年特斯拉發明第一台可實用的交流電動機與多相送電系統。之後，特斯拉持續與西屋電氣公司（Westinghouse Electric Corporation）進行交流電動機的開發。

現今所使用的馬達有各式各樣的種類，在組成結構方面主要是**定子與轉子，讓它們進行不同的轉動變化即可產生磁場，藉由磁場變化成為能夠取得驅動力的系統。**

▜ Let's 重現！～實際做個實驗確認看看吧～

實驗 ①

領域 物理　Level ☆☆

來做一個法拉第馬達吧！

準備物品

三號乾電池、強力磁鐵（釹鐵硼磁鐵，一顆）、鐵釘（一根）、導線。

製作步驟

1. 將鐵釘黏在強力磁鐵的其中一面。
2. 將三號電池的＋極朝下，與「1.」的鐵釘前端黏接。藉由強力磁鐵的磁力吸住乾電池。

實驗步驟

1. 將導線的其中一側當作電池的電極，另一側則與強力磁鐵的側面接觸。

實驗 ②

領域 物理　Level ☆☆☆☆

來做一台橡皮筋動力車吧！

　　迴紋針馬達的能量其實非常微小，所以想要藉由迴紋針馬達推動模型車往往被視為難事。然而，它實際上卻真的可以讓模型車啟動。請務必挑戰看看！

準備物品

珍珠板（9 cm × 6 cm 名片尺寸等任意尺寸，但要比明信片尺寸小）、竹籤（兩根）、作為車輪用的紅色滑輪 3 cm（四個）、迴紋針（兩個）、強力磁鐵（釹鐵硼磁鐵）2000 高斯（兩顆，用四顆吸力會更強）、0.8 mm 漆包線（2 m）、三號乾電池、橡皮筋（兩條）、串珠（四顆，可以讓竹籤穿過的尺寸）、大保麗龍塊或是大型硬質海綿（1 cm × 2 cm × 5 cm）、小保麗龍塊或是小型硬質海綿（1 cm × 2 cm × 3 cm）、透明膠帶、雙面膠、磨砂紙。

製作步驟

1. 首先，製作一台迴紋針馬達。
2. 如圖所示，拉開迴紋針，再用透明膠帶分別將迴紋針黏貼在三號乾電池的正極以及負極。

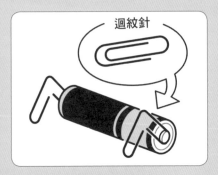

3. 將 0.8 mm 或是 1 mm 的漆包線捲繞約十～二十圈，製作成電磁線圈，將電磁線圈的兩端往左右拉開。必須注意當電磁線圈越長，電阻會變得越大、越重。

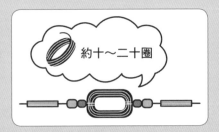

4. 用磨砂紙將電磁線圈其中一邊的塗漆全部磨掉。另一邊則是磨一半、剩下一半塗漆。藉此當作換向器。

5. 電磁線圈的兩端必須勾在迴紋針上且須可以轉動，為了降低轉動時的摩擦，也可以掛上串珠等物體。

6. 依照保麗龍塊的大小，用透明膠帶分別將強力磁鐵以能夠相吸的狀態黏貼在保麗龍塊上。

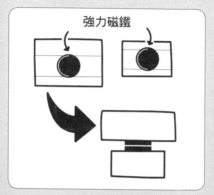

強力磁鐵

7. 將大保麗龍塊當作平台安裝在珍珠板上，如下圖所示。

8. 在這個狀態下，確認已放妥迴紋針的電磁線圈是否會轉動。如果不會轉動，就要再磨一下塗漆，並確認乾電池與迴紋針是否有緊密連接。

9. 將黏有磁石的小保麗龍塊靠近正在轉動中的電磁線圈，找到電磁線圈轉速最快的位置後，用雙面膠將小保麗龍塊黏貼在底盤上。

10. 在底盤上安裝車輪，再綁上橡皮筋就完成了。

實驗步驟

1. 試著啟動橡皮筋動力車，並評估如何能夠讓動力車快速前進。

解說

試著用「弗萊明左手定則」說明馬達會如何轉動。線圈受到的勞侖茲力 $F = IBL$。因此，想要讓電磁力增強，必須思考的是：

· 讓電流變大
· 讓磁場中的電磁線圈導線長度變長

想要讓電流變大，必須加大導線的剖面面積、降低電阻。此外，不要讓磁場中的線圈導線出現銳角，應該要是一個平滑的橢圓線圈為佳。

請各位好好感受一下開發出各種機器的工程師魂吧。

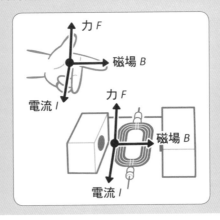

來做一個交流馬達吧！

　　把迴紋針馬達作成換向器，或是作為直流馬達無法作為換向器時的替代，會發生什麼事情呢？事實上，迴紋針馬達就會變成一組交流馬達。使用交流電源裝置時，可以輕鬆將手動式交流發電機當作馬達轉動，但是，光是購買一台發電機就需要花上上萬元台幣，所以我們可以思考一下從家用插座取出交流電的方法。

準備物品

漆包線（粗細 Ø0.2 mm，約 30 m）、強力磁鐵（釹鐵硼磁鐵，四顆）、吸管、竹籤、珍珠板。

製作步驟

1. 將漆包線捲繞約三百圈，製作出直徑約 3 cm 的電磁線圈。這時，為了讓電磁線圈比較容易在單顆型電池上滑動，可以先用紙包裹住電池，將電池當作芯來捲繞。
2. 在不會破壞電磁線圈的形狀下，從圓弧狀的部分夾入約 2 cm 長的吸管。
3. 吸管是為了讓當作旋轉軸的竹籤能夠順利轉動的必要物品。這時可以使用錐子等將漆包線稍微拉開，方便吸管夾入。
4. 將竹籤穿過其中一段吸管後，在線圈中間放置珍珠板，再將另一段的竹籤穿過吸管。
5. 之後，為了將強力磁鐵互相吸引，先用雙面膠安裝兩顆強力磁鐵，再用透明膠帶確實固定以防止轉動時脫落。
6. 用磨砂紙磨除漆包線兩端，去除塗漆。這樣一來，一台交流馬達就完成了。

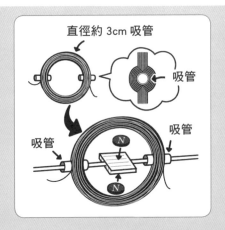

直徑約 3cm 吸管

吸管

吸管

吸管

實驗步驟

1. 將燈泡插座與電源線連接,切開一根電源線單側的電線。
2. 在切開的電源線上,焊接雙頭小鱷魚夾測試線。這樣一來,就會成為一個自製的交流電源器。
3. 在自製交流電源器裝置上,安裝自製手動交流發電機並連接交流電源。用手抓住吸管,試著輕輕用手指轉動手動交流發電機軸。

輕輕轉動

結果

轉動的力道會非常強勁。

解說

　　使用交流電進行實驗，這次的自製手動交流發電機在約 5 V、200 mA 的交流電通過時確實是一台可以轉動的交流馬達。

　　但是，要從實際電流值為 100 V（改為 110V）的家用插座，將 5 V 的電流連接到該自製交流發電機時，必須進行哪些準備呢？

　　必須選擇適當的電阻進行串聯，因此只要是能夠承受 95 V 分壓的電阻即可。由於電路串聯，該電路中會有等同於手動交流發電機上的實際電流量 200 mA 流動。在此，我們可以用（電壓）×（電流）求得消耗電力，電阻的消耗電力為 95 V × 200 mA = 19 W。因此，只需要與消耗電力為 19 W 左右的電氣產品串聯，並且連接插座即可。所以可以使用 20 W 的白熾燈泡。

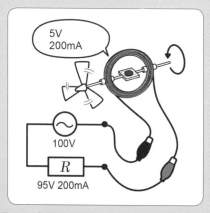

　　附帶一提，日本關東地區為 50Hz，關西則為 60Hz，因此關西的馬達轉動速度會比較快。

📑 從上述這個實驗我們可以知道：

　　電流會受到來自磁場方向的力量，這部分可以用「弗萊明左手定則」來說明，即可理解電流會使電磁線圈等轉動，並且成為一組馬達。

MEMO

34 電磁波的發訊與收訊 ～來聽收音機吧！～

海因里希·赫茲（Heinrich Rudolf Hertz, 1857 ～ 1894 年）
古列爾莫·馬可尼（Guglielmo Marconi, 1874 ～ 1937 年）
雷金納德·奧布雷·范信達（Reginald Aubrey Fessenden, 1866～1932 年）

赫茲　　　　　　　馬可尼　　　　　　　范信達

海因里希·赫茲是誰？

　　海因里希·赫茲（以下簡稱赫茲）為一名德國物理學家。他讓馬克士威的電磁理論更加明確，並將其發揚光大。一八八八年利用可以產生與檢驗電磁波的機器初次實證電磁波會以放射狀存在。

古列爾莫·馬可尼是誰？

　　古列爾莫·馬可尼（以下簡稱馬可尼）出生於義大利波隆那，一九〇九年因對無線通信發展有所貢獻，與卡爾·布勞恩同時獲得諾貝爾物理學獎。一八九七年成立馬可尼電信公司。

雷金納德·奧布雷·范信達是誰？

　　雷金納德·奧布雷·范信達（以下簡稱范信達）出生於加拿大。他在一九〇〇年左右發明收音機。曾擔任愛迪生公司的工程技師。之後，獲得高輸出傳送、聲納、電視等領域的諸多專利。

■ 從發現可以收發電磁波，到完成一台收音機

詹姆斯・克拉克・馬克士威（James Clerk Maxwell）於一八六四年完成**電磁場理論**。馬克士威發現了電場和磁場會以波的形式在真空中傳播，電場的時間變化會產生磁場，磁場的時間變化會產生電場，因而預測會有橫波的電磁波存在。此外，他計算電磁波的傳播速度時，發現與已經測量得知的光速一致，證明光是一種電磁波，因而提倡「**光的電磁波說**」。

一八八八年赫茲藉由實驗初次證明電磁波的存在。他在感應電磁線圈的兩個電極端連接會因為火花間隙（spark gap）而放電的直線型震盪器，也就是所謂的傳訊用天線，從該處發射電磁波時，小間隙的金屬環共振器之間會產生火花，因此可以確信有電磁波的存在。觀測該波長為 66 cm，這個共振器則是所謂的收訊用天線。

因此，天線的歷史可以說是從赫茲開始的。赫茲受到老師赫爾曼・馮・亥姆霍茲（Hermann von Helmholtz）的推薦參加學會論文獎，挑戰實證馬克士威理論相關實驗。

赫茲組裝金屬製的拋物線反射鏡（Parabolic reflector）進行電磁波的前進、反射、折射、干涉、偏光等實驗，確認電磁波幾乎與光具有相同性質。這些實驗成為用以佐證「電磁場理論」以及「光的電磁波說」的理論依據。

一八九四年一月，義大利發明家馬可尼在赫茲辭世後，因緣際會下讀到赫茲的研究解說手冊，大為感動因而著手開始實驗。歷經多次實驗後，他發現讓赫茲發振器，也就是讓傳訊天線的另一端接地，天線的輻射能量會成為原本的數百倍，收訊能力顯著提升。天線越高，共振頻率會變得越低。大地可視為一個優良導體，所謂的接地係指用大地代替天線的下半部。一八九九年成功跨越多佛海峽進行通訊，一九〇一年成功跨越大西洋進行通訊。一九〇九年與卡爾・布勞恩同獲諾貝爾物理學獎。

范信達出生於加拿大魁北克省，十四歲時即在學校榮獲數學神童的稱號。一八八六年底開始於位於紐澤西的西奧蘭治實驗室，即愛迪生的新實驗室，進行聲音訊號的接收機研發工作。

一八九二年成為普渡大學電子工程系教授，一八九三年擔任匹茲堡大學的電子工程系系主任。一九九〇年，任職於美國氣象局，他混合兩種訊號後發現能夠取出可聽頻率音波的「**外差原理**（heterodyne）」，於是在一九〇〇年十二月二十三日進行使用高頻火花間隙傳送機（high-frequency spark transmitters）的聲音訊號傳送實驗，結果成功在距離約 1.6 km 的位置完成收訊。這是全世界第一次的聲音訊號無線通訊。

一九〇六年十二月二十一日，在美國麻薩諸塞州進行兩個地點間的無線電話與既有有線電話網的無線對接通話實驗。同年十二月二十四日范信達親自透過廣播以小提琴演奏並演唱「聖善夜（O Holy Night）」，又朗誦《聖經‧路加福音》第二章的其中一小節。

范信達的收音機為人類帶來的相關重大貢獻包括：進行了全世界第一次人聲訊號無線傳送（一九〇〇年）、全世界第一次橫越大西洋的雙向無線訊號傳送（一九〇六年），以及開啟了全世界第一個娛樂以及音樂廣播節目（一九〇六年）。

電磁波的發訊與收訊原理是什麼？

我們知道使用電容器（capacitor，縮寫為 C）與電感器（inductor，縮寫為 L）會引起電磁振動。給予與該迴路振動數相同頻率 $f_0 = \dfrac{1}{2\pi\sqrt{LC}}$ 的交流電壓時，該迴路會出現電磁共振的情形。當電容器極板間的距離擴大，會使電容器的電容量產生變化，極板間隔會擴大到電容器變成棒狀為止，共振頻率也會持續變化並且成為共振迴路。這種棒狀迴路稱作偶極天線（dipole antenna）。

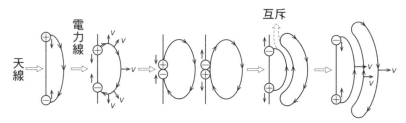

將棒狀的偶極天線（Dipole antenna）反覆進行電力振動，在電容

器之間所產生的電力線就會以一定的速度朝四面八方擴大其空間，磁通也會隨著電束電流而以一定的速度擴大。這時電場與磁場彼此會維持垂直狀態，磁場則會在天線被垂直分為二等分的平面上擴散。這被稱作電磁波。電磁波的速度與光速相同。

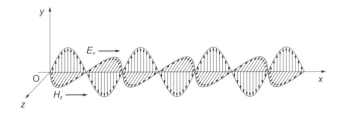

■ Let's 重現！～實際做個實驗確認看看吧～

| 領域 物理 | Level ☆☆ |

實驗 ① 來做一台收音機吧！

準備物品

鍺二極體（Germanium Diode）1N60、可調電容（Variable capacitor）、儀表盤、晶體耳機（crystal earphone）、絕緣導線（15～20 m）。

實驗步驟

1. 被覆導線為一個環形天線（Loop Antenna）。沿著即溶咖啡玻璃罐或是面紙紙盒等外圍以不重疊的方式纏繞約 15～20 m，並剝除兩端的絕緣膜。
2. 在可調電容上安裝儀表盤，將導線兩端用透明膠帶貼在可調電容端子上。
3. 在一條晶體耳機電線上連接鍺二極體。
4. 將鍺二極體的一端與可調電容的其中一端連接，再將晶體耳機的另一端與可調電容的另一端連接。

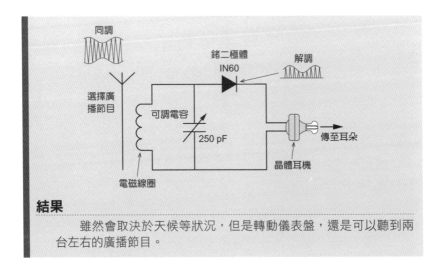

結果

雖然會取決於天候等狀況，但是轉動儀表盤，還是可以聽到兩台左右的廣播節目。

▉ 從上述這個實驗我們可以知道：

理論上我們可以藉由實驗證明原先推估的電磁波確實存在，此外，如果電磁波上乘載一些資訊，就可以將其傳送到遠方，因此可以藉此進行無線通訊。

MEMO

35 光電效應

阿爾伯特・愛因斯坦
（Albert Einstein，一八七九～一九五五年）

❓ 阿爾伯特・愛因斯坦是誰？

　　阿爾伯特・愛因斯坦（以下簡稱愛因斯坦）創下的紀錄包括「特殊相對性理論」「一般相對性理論」「相對性宇宙論」，以及用來說明「布朗運動（Brownian motion）」的「漲落定理（fluctuation-dissipation theorem）」、藉由光量子假說證明「波粒二象性（wave-particle duality）」、「愛因斯坦的固體比熱理論」「零點能量（zero-point energy）」、半古典力學的「薛丁格方程式（Schrödinger equation）」「玻色－愛因斯坦凝態（Bose-Einstein condensate，BEC）」等，實在無法一語道盡。他被高度評價為「二十世紀最偉大的物理學家」及「現代物理學之父」。一九二一年，他藉由光量子假說闡述光電效應理論獲得諾貝爾物理學獎。

█ 在光電效應原理闡明之前

　　一八三九年，亞歷山大・愛德蒙・貝克勒（Alexandre Edmont Becquerel，亨利・貝克勒的父親）將覆蓋薄薄一層氯化銀的兩個白金電極浸泡在電解液中，發現將其中一個電極照射光線，即可產生光電流現象（**貝克勒效應**）。一八八七年，赫茲發現，當紫外線照射到陰極，電極之間會發生放電且出現電壓下降現象（**光電效應**）。隔年，霍爾瓦克斯（Wilhelm Hallwachs）發現，當短波長的（頻率較大的）光線照射在金屬上，會有從表面發射出電子（光電子）的現象。之後，菲利普・馮・萊納德（Philipp von Lenard）提出了釋義，「如果光束的頻率夠大，就會發生電子發射現象；如果光束的頻率不夠大，就不會有任何電子發射現象發生」，透過實驗後得知，「照射到頻率較大的光束時，會改變光電子的動能，但是發射出的電子數並不會有所變化」「遇到強光時，會有大量的電子發出，但是每個電子的動能不會發生變化」等結果。該現象成為一個無法用十九世紀物理學說明的難題，但是到了一九〇五年，物理學家愛因斯坦在他的論文《關於光的產生和轉化的一個試探性觀點》（*Uber einen die Erzeugung und Verwandlung des Lichtesbetreffendenheuristischen Gesichtspunkt*）中，提出光量子假說並進行了相關說明。

█ 光電效應原理是什麼？

　　頻率為 v 的光擁有 hv 的能量，金屬內的電子會吸收該能量，因此電子所得到的能量為 hv，當光子具有的能量比可以將電子從原子內部脫離至外側所需的能量 W（功函數）還要大時，電子就會被釋放出來。

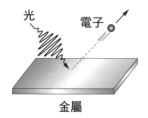

光　　電子

金屬

這樣一來，被釋放出來的光電子能量最大值會是：

$E = h\nu - W$。

功函數 W 可藉由熱電子相關的理查森（Richardson）研究中得知。

▐▀ Let's 重現！～實際做個實驗確認看看吧～

 實 驗 ① **領域** 物理　**Level** ☆☆☆

光電效應實驗

準備物品

金箔驗電器、鋁板、鋅板、銅板、紫外線燈（殺菌燈）、迴紋針、帶電體。

實驗步驟

1. 用迴紋針將鋁板或是鋅板、銅板夾在金箔驗電器的驗電部位上，讓整個驗電器帶負電，使金屬箔片張開。
2. 讓驗電部位照射紫外線。

[注意] 紫外線燈有時會無法關閉，所以有些許危險性，但還是必須使用殺菌燈才能進行實驗，這時請務必佩戴防護用的太陽眼鏡進行。

結果

鋅板最容易產生光電效應，因此照射到紫外線時，金屬箔片會關閉。銅板比較難產生光電效應，因此照射到紫外線時，金屬箔片不會關閉。

▐▀ 從上述這個實驗我們可以知道：

當光線照射到金屬板時，會引發光電效應、釋放出電子。

MEMO

LED 的發明

尼克・何倫亞克
（Nick Holonyak, Jr., 一九二八年～）

？ 尼克・何倫亞克是誰？

　　尼克・何倫亞克（以下簡稱何倫亞克）於一九二八年十一月三日出生在美國伊利諾伊州。何倫亞克是約翰・巴丁（John Bardeen，與威廉・肖克利等人共同發明電晶體）在伊利諾大學厄巴納─香檳分校收的第一位博士生。何倫亞克的學士、碩士、博士學位（一九五四年）都是在該間大學取得。他於一九六〇年進行世界首次的可見光半導體雷射研發。

　　任職於奇異公司的何倫亞克在一九六二年發明了紅光LED燈。LED（light emitting diode）是一種稱作「發光二極體」的半導體。一九六三年再次與巴丁合作，成為同一間大學的教授，進行量子井（Quantum well）以及量子井雷射相關研究。直至二〇二〇年仍在職。

📲 從發明LED到現在

一九六二年何倫亞克因在奇異公司的研究所（美國紐約州雪城）擔任科學顧問期間發明了**發光二極體**而廣為人知，被稱作「發光二極體之父」，當然，在當時還只有紅光。而後，何倫亞克於一九六三年開始在伊利諾大學厄巴納─香檳分校擔任教授。

喬治・克雷福德（M. George Craford）在一九七二年發明了黃綠光的 LED。進入一九九〇年代後，赤崎勇、天野浩、中村修二等人發明了藍光 LED，二〇一四年時他們因發明藍光 LED 獲得諾貝爾物理學獎。

一九九三年，藍光 LED 開始商用化，兩年後的一九九五年換成綠光 LED 被商用化。藉此，有人用 RGB 混色的方式做出白光 LED，然後隔年一九九六年，又有人將藍光 LED 與黃色螢光體組合後開發出白光 LED。

現在，除了白光 LED，還有更多的中間色 LED 已被商用化，例如：交通號誌機、電光看板、汽車車燈等，LED 燈的應用領域已經多到數不清。

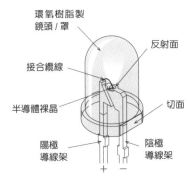

📲 LED的原理是什麼？

LED 是將 P 型半導體與 N 型半導體接合而成的物體。稱作 PN 接面（p-n junction）。P 型半導體是由電洞（正電）導電，N 型半導體則

是由電子（負電）導電。P型的電位比N型的電位來得高時，P型內部的電洞（正孔）會流向負極，N型內部的自由電子則會流向正極。自由電子與電洞會在接面處依序相遇並且結合，電流也會持續流動。

使用砷化鎵（GaAs）或是磷化鎵（GaP）等容易發光的半導體取代矽氧樹脂（silicone）PN接面的物體稱作「發光二極體」。如圖所示，以逆時針方向施加電壓時，原本存在於能量較高的傳導帶（conduction band，E_n）內的電子就會進入能量較低價的價電帶（valence band，E_m）空位，電子會與電洞結合。這時，電能差 $E_n - E_m$ 會以光（$h\nu$）的形式被釋放出去。

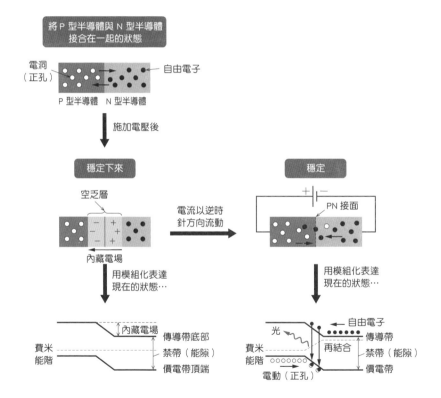

▐ Let's 重現！～實際做個實驗確認看看吧～

實驗 ① 試著進行三色 LED 的加色混合！

準備物品

RGB 三色 LED、手動發電機（低電壓 3 V Type）、紅光 LED（一個）、綠光 LED（一個）、藍光 LED（一個）。

實驗步驟

1. 將 RGB 三色 LED 與手動發電機（低電壓，3 V Type）連接在一起，試著使其發光。
2. 將三種顏色的二極體並聯，並試著設定手動發電機的轉動數。

結果

　　市售的 LED 為紅光 2.0 V、綠光 3.6 V、藍光 3.6 V 等。慢慢增加手動發電機的轉動數，紅光會先亮起，再依序為綠光、藍光。

　　三色一體的情形雖然會產生白光，三色分開時可以用乳白色的塑膠套覆蓋住整個發光部位，讓紅光與藍光做出紫光，讓藍光與綠光做出青綠色光。只需要適當混合 RGB 三色即可做出白光。

利用薩瓦尼轉子系統風力發電機點亮 LED 燈

準備物品

500 cc 的寶特瓶、烤魚用鐵串、強力磁鐵（釹鐵硼磁鐵）、漆包線（長約 10 m）、塑膠盒、硬管。

製作步驟

1. 將漆包線捲繞約一千次，製作成電磁線圈。
2. 將電磁線圈中心立起，將吸管穿過線圈，再將烤魚用的鐵串穿過吸管。將強力磁鐵安裝在電磁線圈中，使其可以轉動。
3. 在塑膠盒底部打洞（或是在蓋子上鑽孔，也可以用打洞機打出孔洞），將電磁線圈放入塑膠盒內。
4. 如圖，切開寶特瓶，互相交錯擺放，並分別放入海綿予以固定，再用透明膠帶黏貼起寶特瓶底部、製作成風車葉片。將葉片插入烤魚用鐵串與海綿的基座，並連接 LED 燈等物品，這樣就完成了！

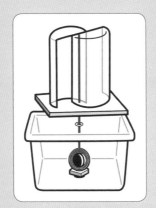

實驗步驟

1. 將薩瓦尼轉子型風車風力發電機放在能吹到自然風的窗邊，實驗看看燈是否會亮起。

結果

只要有風吹過，LED 燈就會亮起。此外，如果是在室內進行實驗，使用電風扇、扇子或是用嘴吹氣使其轉動的話，LED 燈也會亮起。

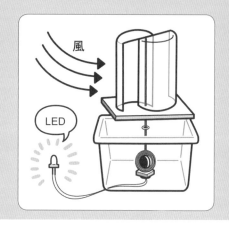

⌨ 從上述這個實驗我們可以知道：

即使像是薩瓦尼轉子型風車風力發電機一樣只能發出微小電流的發電機也能使 LED 燈亮起。

結語

　　各位讀者是否能夠藉由本書真切感受到人類歷史其實就是一部科技發明與發現史呢？

　　其實，還有多位偉大的科學家尚未出現在本書中。像是進化論及 DNA 的發現者等等，有許多科學家、技術專家的事蹟沒有介紹到，倘若未來還有機會出版續集，屆時再一一呈現給各位讀者。

　　此外，其實有一些很棒的發明並無法確認發明者，例如：麵包是誰發明的呢？紅酒又是誰發明的？

　　回頭來思考這件事情，在出現麵包之前，必須先發現農耕技術、發現火、發現可以用火進行烹飪。從小麥製作成小麥粉、揉捏促使酵母發酵，才能夠烘烤出麵包。採集葡萄、榨成果汁、使其發酵後釀成美味的葡萄酒等。簡直就是一連串生物科技的呈現。

　　歷史就是像這樣，由一些名不見經傳的前輩建立起來的。說是現代文明，但其實還有許多未知的領域正不斷擴大中。比方說，有許多新種病毒出現在人類的生活圈中，會讓我們的生活變得苦不堪言，雖然已經擁有了高科技文明，卻還是無能為力。

　　就像即使是由鋼筋水泥建立起的摩天大樓城市，一旦遇到嚴重的地震、海嘯或是恐怖攻擊，也往往不堪一擊。

　　接下來還會有越來越多的新興科技出現，我們必須用心去感受並促使其蓬勃發展。因此，必須先學習歷史上這些前輩們所建立的基礎。

　　本書嘗試運用身邊能取得的材料，期望讀者能夠輕鬆學習、嘗試親自動手去體會科學家前輩們在科學與技術上的發明與發現。各位是否都有樂在其中呢？

　　最後，在本書問世之際，承蒙 Ohmsha 出版社編輯群諸位大力協助。如果沒有各位的幫忙，這本書恐怕無法順利完成。真的非常感謝大家，在此深表感謝之意。

川村康文

索引

MEMO

國家圖書館出版品預行編目資料

改變世界的科學定律：與33位知名科學家一
起玩實驗/ 川村康文文作；張萍譯. -- 初版. --
新北市：世茂出版有限公司, 2022.1
面；　公分. -- (科學視界；263)
ISBN 978-986-5408-73-2(平裝)

1.科學實驗　2.通俗作品

303.4　　　　　　　　　　　110018202

科學視界**263**

改變世界的科學定律：與33位知名科學家一起玩實驗

作　　者／川村康文
審　　訂／朱士維、李荐軒
譯　　者／張萍
插　　畫／岩田將尚（Studio CUBE.）
主　　編／楊鈺儀
責任編輯／陳美靜
封面設計／林芷伊
出 版 者／世茂出版有限公司
地　　址／(231)新北市新店區民生路19號5樓
電　　話／(02)2218-3277
傳　　真／(02)2218-3239（訂書專線）
劃撥帳號／19911841
戶　　名／世茂出版有限公司
　　　　　　單次郵購總金額未滿500元（含），請加80元掛號費
世茂網站／www.coolbooks.com.tw
排版製版／辰皓國際出版製作有限公司
印　　刷／傳興彩色印刷有限公司
初版一刷／2022年1月

I S B N／978-986-5408-73-2
定　　價／380元

Original Japanese Language edition
REKISHIJO NO KAGAKUSHA TACHI KARA MANABU MIRYOKUTEKI NA
RIKAJIKKEN
by Yasufumi Kawamura, Masayoshi Iwata (Studio CUBE.)
Copyright © Yasufumi Kawamura 2020
Published by Ohmsha, Ltd.
Traditional Chinese translation rights by arrangement with Ohmsha, Ltd.
through Japan UNI Agency, Inc., Tokyo